AF452950

# ANALECTA
# HISTORICO-NATURALIA

NOTES SUR DIVERSES QUESTIONS

## HISTORIQUES ET NATURELLES

PRÉSENTÉES À L'ASSEMBLÉE DES NATURALISTES

DU MUSÉUM

PAR

## M. E.-T. HAMY

MEMBRE DE L'INSTITUT, PROFESSEUR D'ANTHROPOLOGIE, ETC.

### 2ᵉ Série — XXVI à L

## PARIS
## IMPRIMERIE NATIONALE

1899-1901

# TABLE.

# QUELQUES NOTES SUR CERTAINES ACTIONS DE MILIEU,

## par M. E.-T. HAMY.

Extrait du *Bulletin du Muséum d'histoire naturelle.* — 1899, n° 1, p. 43.

J'ai retrouvé dans un vieux portefeuille les notes qui suivent, recueillies il y a bien près de trente ans.

C'était l'époque où Darwin venait de publier son célèbre traité, *De la variation des animaux et des plantes*[1]. Les jeunes naturalistes n'avaient plus d'yeux que pour les faits qui se rattachent de près ou de loin à l'étude des actions de milieu et de la sélection naturelle. Toute mon attention de modeste chercheur se concentra pendant quelque temps sur le détail des variations naturelles. Je m'efforçais de surprendre sur le fait quelqu'un de ces petits phénomènes dont Darwin avait su tirer des pages si attrayantes ; et c'est alors que j'ai, de près, étudié quelques modestes Fleurs, quelques humbles Insectes, dont j'ai cherché à déterminer les changements les plus apparents...

Puis la guerre est venue, il a fallu laisser ces enquêtes paisibles pour des occupations plus graves et plus utiles, et quand on eut repris possession de soi-même, après les effroyables crises, où étaient..... les *notes d'antan ?*.....

I

Clusius avait reçu de Jean Boisot en 1591 des Anémones des bois ; il les cultiva soigneusement en suivant certaines précautions indiquées par son correspondant et, à la fin du mois d'avril 1593, il put voir, à deux reprises, la simple fleur entièrement doublée[2]. Le même botaniste a aussi connu et figuré des sujets de la même espèce ayant seulement un ou deux sépales supplémentaires, et tout le monde sait que ce dernier fait est d'observation quotidienne, en particulier sur les fleurs dont le nombre d'étamines est considérable, comme les Anémones, les Renoncules, etc.[3].

[1] Ch. Darwin. *De la variation des animaux et des plantes sous l'action de la domesticité*, trad. fr. de J.-J. Moulinié. Paris, Reinwald, 1868, 2 vol. in-8°.

[2] Caroli Clusii Atrebatis *rariarum plantarum historiæ*, lib. II. Antwerpiæ. Ex off. Plantin. 1601, in-f°, p. 247.

[3] Cf. A. Moquin-Tandon. *Éléments de tératologie végétale.* Paris, 1841, in-8°, p. 207, 211, 214.

Le phénomène est des plus communs, je le répète, et se manifeste à chaque pas dans les bois, sans suggérer d'ailleurs, au premier abord, de commentaires particuliers. Mais si l'on observe de plus près deux groupes de fleurs placés dans des conditions de milieu bien tranchées, l'un, par exemple, au centre du bois, mal aéré et peu ensoleillé, l'autre sur la lisière, et recevant largement l'air et la lumière, on constate bien vite que le second renferme en bien plus grand nombre que le premier des fleurs polysépales.

Dans les conditions les moins favorables, le nombre des *Anémones némoreuses* à six sépales étaient de 51 p. 100; il y avait 49 p. 100 de Fleurs à sept sépales, et pas une n'en avait huit.

Au contraire, les Plantes de lisière ont donné seulement 40 p. 100 d'individus à six sépales; il s'est trouvé, par contre, dans mes récoltes 56 p. 100 d'individus à sept sépales, et 3 p. 100 d'individus à huit sépales. Je n'ai eu qu'un seul sujet à neuf sépales.

L'action des milieux était donc assez puissante dans le cas qui me sert d'exemple pour augmenter de 11 p. 100 le nombre des Fleurs en voie de transformation.

## II

J'ai rencontré aussi des pétales supplémentaires sur la petite Pervenche commune; mais, dans cette espèce, le phénomène s'est présenté plutôt sous une forme tératologique.

Le pétale supplémentaire s'insérait obliquement tout à fait au bord de la corolle, fendue elle-même dans toute sa longueur. Le calice était régulier, mais un des cinq sépales, celui qui correspondait au point d'émergence du pétale supplémentaire, était presque complètement avorté.

Il est curieux de constater que la rotonde boisée, dans laquelle cette Pervenche anormale avait poussé, en renfermait plusieurs autres dans lesquelles une étamine, un pétale, un sépale avaient disparu, de telle sorte que la Plante, au lieu de présenter le type 5, était entièrement construite suivant le type 4.

A peu de distance de là je recueillais trois exemplaires de la même espèce, dont un des pétales était avorté; le reste de la Plante demeurant parfaitement régulier [1].

---

[1] On comprend qu'il soit impossible de faire la part de l'hérédité dans des observations faites dans des conditions aussi passagères. Tous ces faits, comme les précédents, ont été observés soit dans la forêt de Guines (Pas-de-Calais), soit dans le parc de M. de Guizelin, à l'entrée de la petite ville de ce nom.

## III

J'ai observé, vers la même époque où je recueillais les notes que je viens de transcrire, des phénomènes de blanchiment très curieux sur certains Coléoptères, et en particulier sur le *Cryptocéphale ponctué*. Le type habituel de cette petite espèce, fort commune, comme on sait, dans les plants d'Asperges montés, a les élytres noirs bordés d'un mince filet brun-rouge, et ornés de trois taches blanches, une antérieure, petite, touchant l'insertion de l'élytre ; une moyenne, double de la précédente, se développant plutôt en largeur ; une postérieure enfin, plus petite et transversale.

Dans une première variété, la tache antérieure n'est plus séparée de la moyenne que par un mince filet noir ; dans une seconde variété, ces deux taches sont réunies ; dans une troisième, la moyenne et la postérieure se réunissent en formant une figure qui rappelle celle de la lettre B. Une quatrième variété, enfin, nous montre les trois taches réunies par le bord interne.

36 p. 100 [1] environ de ces petits Coléoptères offrent ainsi, par suite de l'une ou de l'autre de ces fusions de taches, des surfaces blanches beaucoup plus étendues et habituellement à peu près symétriques.

Mais 2 à 3 p. 100 des individus sont, au contraire, plus sombres par la diminution d'étendue des points blancs.

Cette minorité de Coléoptères plus foncée ne s'accommode plus des explications tirées des influences lumineuses, que l'on serait tenté d'appliquer aux sujets beaucoup plus nombreux, aux élytres éclaircis, à côté desquels ils vivent, sans que l'on puisse trouver, dans aucune des hypothèses courantes, un commentaire satisfaisant de cette juxtaposition.

## IV

Il n'en est pas de même des modifications de couleur que l'on voit apparaître, avec une étonnante rapidité, chez certains Batraciens, comme la Grenouille comestible. Il y a eu longtemps dans le jardin de l'ancien laboratoire d'Anthropologie, rue Cuvier, un vieux tonneau scié en deux ; enfoncé jusqu'au bord dans le sol, qui servait de petit bassin d'arrosage.

Quelques Grenouilles fugitives avaient trouvé asile dans ce récipient d'un brun-noirâtre et se montraient avec une livrée extraordinairement différente de celle qu'on est habitué à voir à l'espèce, dans les réserves du laboratoire d'herpétologie, par exemple. Elles s'étaient, en effet, adaptées à leur nouveau

---

[1] J'ai trouvé 34 p. 100 sur une série d'individus récoltés à Hardinghem (Pas-de-Calais) et 38 p. 100 sur une autre série ramassée à Guines.

milieu en dilatant considérablement leurs *chromoblastes*[1]. Le dos était devenu foncé, sauf une mince ligne d'un vert émeraude dessinant la ligne épineuse, le ventre et les cuisses étaient couverts de taches noirâtres plus ou moins larges et plus ou moins serrées.

J'eus l'idée de placer mes Batraciens brunâtres en plein soleil dans un grand récipient de porcelaine blanche, entouré de réflecteurs également très blancs; ils revinrent à leur coloration normale, mais avec une certaine lenteur. D'autres Grenouilles d'un beau vert, plongées brusquement dans le tonneau, y devenaient très vites brunes, comme celles que nous y avions trouvées; il fallait toujours beaucoup plus de temps pour les ramener à leur état primitif.

Ces faits, rigoureusement observés en présence de plusieurs naturalistes du jardin, m'ont suggéré une série d'expériences sur l'influence des milieux colorés, dont je donnerai rapidement les résultats dans une communication ultérieure.

[1] Cf. G. Pouchet, *Des changements de coloration*, etc. Paris, 1875, in-8°, 7 pl.

# LES GÉOPHAGES DU TONKIN,

## PAR M. E.-T. HAMY.

Extrait du *Bulletin du Muséum d'histoire naturelle.* — 1899, n° 2, p. 64.

La géophagie [1] n'est ordinairement chez nous que l'un des symptômes de la *malacie* [2], mais, dans certains milieux exotiques, cette singulière habitude se manifeste d'une manière endémique. et l'on sait aujourd'hui de façon certaine qu'il existe, en plusieurs contrées fort diverses, des tribus que l'on peut vraiment qualifier de *Géophages*.

Ces tribus peuvent d'ailleurs appartenir à des groupes ethniques très différents.

M. Winwood Read et M. W. L. Distant, par exemple, ont constaté des cas de géophagie, l'un à la Côte d'Or, l'autre entre Cameroun et Corisco [3]. D'autre part, M. Glaumont assure, avec le P. Lambert, que les Néo-Calédoniens mangent, dans certaines circonstances, une terre friable, grisâtre, qu'ils vont chercher sur les flancs des montagnes [4].

Toutefois, ce sont plutôt des peuplades rattachées plus ou moins intimement au groupe des races jaunes, qui se montrent particulièrement attachées à cette bizarre pratique. Ainsi tous les voyageurs en Colombie, au Vénézuéla, aux Guyanes, ont constaté, après Humboldt et Bompland. l'existence de la géophagie depuis l'Orénoque jusqu'au Parou. et Crevaux. l'un des derniers, affirmait, en 1878, que *tous les Roucouyennes des Tumuc-Humac sont géophages* [5].

M. Hekmeyer, pharmacien en chef aux Indes Néerlandaises, a rapporté de Java et offert au musée du Trocadéro une dizaine d'échantillons de *terres comestibles* à l'état naturel ou modelées en forme de fruits, d'insectes, de poupées, etc. [6].

Voici, enfin, M. G. Dumoutier, notre zélé correspondant d'Hanoï, qui

[1] De γῆ, terre et φαγεῖν, manger.

[2] Cf. A. Dechambre, v. *Géophagie* (*Dict. encycl. des Sc. méd.* 4ᵉ sér., t. VIII. p. 508.)

[3] *Journ. of the Anthrop. Instit. of. Great Britain and Ireland.* Vol. X, p. 461. 1881.

[4] Glaumont, *Usages, mœurs et coutumes des Néo-Calédoniens* (*Rev. d'ethnogr.*, t. VII, p. 85-86. 1888).

[5] J. Crevaux, *Voy. dans l'Amérique du Sud.* Paris, 1883, gr. in-4°, p. 287.

[6] Cf. E. Ferrand, *Terres comestibles de Java* (*Rev. d'ethnogr.*, t. V.. p. 548-549. 1886).

NOTE SUR UNE HACHE EN QUARTZITE DU TYPE DE SAINT-ACHEUL
TROUVÉE DANS L'ÉTAT LIBRE D'ORANGE,

PAR M. E.-T. HAMY.

Extrait du *Bulletin du Muséum d'histoire naturelle*. — 1899, n° 6, p. 270.

Parmi les instruments de pierre que l'on rencontre en fort grand nombre dans une partie de l'Afrique méridionale, il s'en trouve de temps à autre qui viennent rappeler, d'une manière tout à fait inattendue, certaines formes familières à nos archéologues et à nos ethnographes.

J'avais été déjà frappé, en étudiant à Londres, en 1886, la grande collection présentée par M. E.-J. Dunn à l'Exposition coloniale et indienne [1], d'y voir plusieurs pièces taillées qui rappelaient par leur travail les haches amygdaloïdes de nos alluvions quaternaires.

Je le suis davantage encore en examinant la curieuse pièce récemment offerte à nos collections par M. Durand, ancien directeur de la Compagnie générale des mines du Cap. C'est, en effet, une hache en quartzite un peu rougeâtre. taillée à grands éclats sur les deux faces, affectant à peu près la forme d'une amande et limitée tout autour par un bord tranchant sinueux. Elle mesure environ 9 centimètres de longueur, 6 centimètres de largeur et 3 centim. 5 d'épaisseur. Ignorant sa provenance lointaine, un ethnographe français ou espagnol pourrait croire qu'elle est sortie des stations paléolithiques de la Haute-Garonne ou des environs de Madrid. Et cependant elle a été recueillie à Coffy-Fountein, dans l'État libre d'Orange en janvier 1883.

Le colonel Lane Fox, aujourd'hui général Pitt-Rivers, insistait en 1870 sur l'intérêt que présentaient deux découvertes semblables qui avaient été faites dans la colonie du Cap, l'une par M. Layard, l'autre par Sir George Grey [2]. La première des pièces étranges dont il était question avait été moulée au *Bristish Museum;* la seconde était sous les yeux des membres de la Société ethnologique, et l'orateur appelait tout spécialement l'attention de ses collègues sur une pièce venant du Cap et pourtant si semblable

[1] Cf. E.-T. Hamy, *Études ethnographiques et archéologiques sur l'Exposition coloniale et indienne de Londres*, Paris, 1887, in-8°, p. 31. (*Rev. d'ethnogr.*)
[2] Cf. Sir G. Grey, *On quartzite Implement from the Cape of Good Hop (Journ of the Ethnol. Soc.*, new series, vol. 1, p. 41, London, 1870, in-8°).

à celles du *drift* de la Grande-Bretagne. « *There is one form, however, which merits particular attention from its resemblance to the palæolithic or drift form of this country* [1]. »

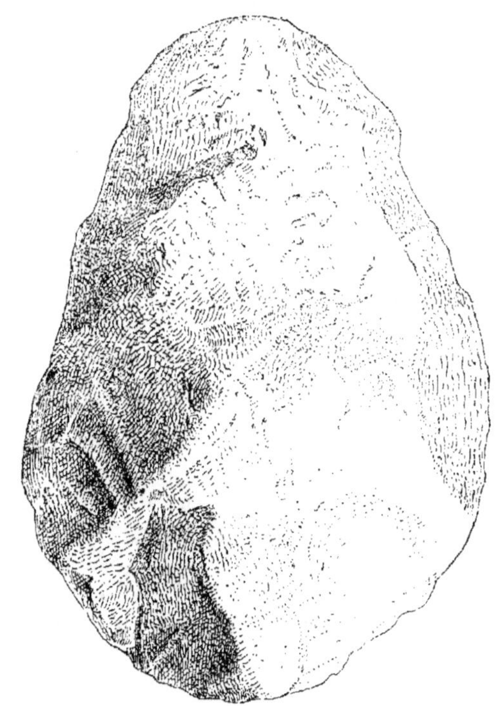

Hache en quartzite taillée de Coffy Fountein (État libre d'Orange).

Face supérieure.

Le célèbre ethnographe anglais ignorait alors, et nous ignorons encore aujourd'hui, quel est, dans le Sud Africain, le *gisement primitif* de ces curieuses pièces taillées.

Sont-elles, en effet, plus anciennes que les autres objets travaillés avec lesquels on les a présentées? Et se trouve-t-on sérieusement autorisé à les rapprocher de nos quartzites taillées du Midi de la France, de l'Es

[1] La figure 3 de la planche I du second volume du *Journal of the Ethnological Society of London* (Londres, 1870, in-8°) nous montre de face et de profil cette pièce, longue de 6 p., large de 4, épaisse de 1 1/2 à 2 et de forme comparable à la nôtre.

pague, de l'Algérie, ou encore de celles des *latérites* de Madras, dont on ne saurait pas, nous assure-t-on, les distinguer matériellement [1]?

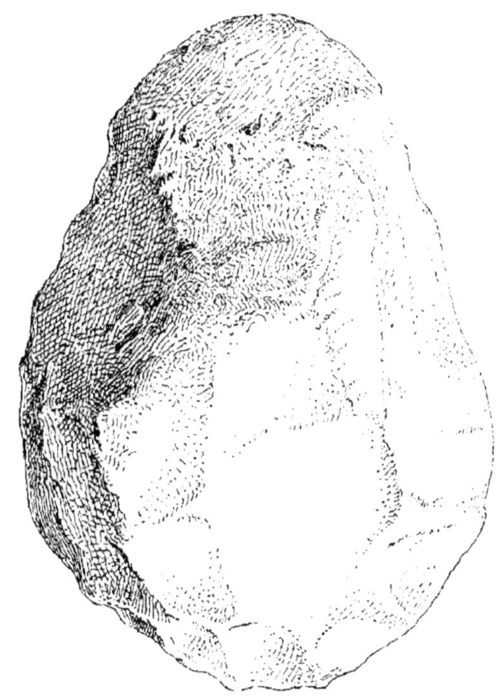

Hache en quartzite taillée de Coffy Fountein (État libre d'Orange).

Face inférieure.

Les découvertes, telles que celle que M. Durand nous apporte, soulèvent on le voit, des problèmes graves et saisissants, et nous ne saurions trop insister sur l'intérêt qu'offriraient pour leur solution des recherches méthodiques pratiquées dans les alluvions quaternaires, encore inexplorées, des rivières du Sud Africain.

[1] Cf. R. Bruce Foot, *On Quartzite Implements of palæolithic types from the East Coast of Southern India* (Congr. Internat. d'Anthrop. et d'Arch. préhistoriques. 3° Sess. Norwich, 1868, p. 249).

# JULIE CHARPENTIER, SCULPTEUR ET PRÉPARATEUR DE ZOOLOGIE
## (1770-1845),

### PAR M. LE Dr E.-T. HAMY.

Extrait du *Bulletin du Muséum d'histoire naturelle*. — 1899, n° 7, p. 329.

M. le Dr Henri Gervais, assistant à la chaire d'Anatomie comparée du Muséum, voulait bien appeler, il y a quelque temps déjà, mon attention sur un buste en plâtre teinté, imitant la terre cuite, rencontré par lui dans une vente et qui lui semblait bien devoir offrir quelque intérêt pour nos collections historiques.

Le buste était anonyme, mais sa base carrée était ornée sur sa face antérieure d'un bas-relief bien caractéristique (*Crocodile et Pyramides*) et on lisait sur la face de gauche, gravés finement à la pointe, les mots : *Julie Charpentier, an 10.*

La première chose à faire pour retrouver l'histoire de cette œuvre d'art était de consulter le livret du Salon de l'an 10, où elle avait pu figurer. J'y lus, en effet, à la page 67, les quelques lignes que voici et qui sont absolument décisives :

«M<sup>lle</sup> JULIE CHARPENTIER, *aux Gobelins.*»

«Buste d'un naturaliste arrivant d'Égypte.»

«Il a eu occasion de vérifier une observation intéressante d'Hérodote, c'est ce qui fait le sujet du bas-relief dont il est orné. On y voit un Crocodile épargnant un Oiseau (le petit Pluvier) en reconnaissance des services qu'il en reçoit; le petit Oiseau entre, en effet, dans la gueule du Crocodile et le débarrasse des Insectes dont sa langue se couvre pendant qu'il dort. Les trois pyramides de Gizé forment le fond du tableau [1].»

Ce naturaliste arrivant d'Égypte, qui avait ainsi étudié les mœurs du Crocodile, ne pouvait être qu'Étienne Geoffroy Saint-Hilaire, rapatrié en novembre 1801, et qui avait, en effet, identifié le *Trochile* d'Hérodote et

---

[1] *Explication des ouvrages de peinture et dessins, sculpture, architecture et gravure des artistes vivants, exposés au Musée central des Arts d'après l'arrêté, etc.* Paris, Imp. des Sc. et Arts. An x. in-12, p. 67.

d'Aristote avec le *Charadrius ægyptius* d'Hasselquist [1]. L'examen comparatif du buste de l'an x et des autres portraits de Geoffroy exécutés à des dates postérieures est venu d'ailleurs compléter la démonstration. C'est bien en effet, en plus jeune, toute la physionomie bien connue de l'illustre naturaliste; c'est son nez un peu court et relevé du bout, c'est sa bouche charnue, c'est aussi son menton arrondi; les joues sont plutôt pleines et l'ovale de la face est un peu raccourci.

L'auteur de cette œuvre aimable était une femme, encore jeune, qui, depuis quelque temps déjà, exposait aux divers Salons des sculptures imitées de Pajou, dont elle avait été l'élève [2].

Julie Charpentier était née le 22 janvier 1770, à Paris [3], où son père, Philippe Charpentier, et sa mère, Julie Savonet, tous deux d'origine blésoise, étaient venus s'établir. François-Philippe, né à Blois le 4 octobre 1734 [4], était un mécanicien particulièrement habile. Il avait inventé un procédé de gravure mécanique, applicable au lavis et à la couleur, qu'il était venu présenter au comte de Caylus, et cette invention, cédée par lui

[1] Cf. Geoffroy Saint-Hilaire, *Description des Crocodiles d'Égypte*. (Ap. *Descript. de l'Égypte. Hist. nat., Zool.*)

[2] Julie Charpentier avait été reçue, dès 1787, au *Salon de la Correspondance* organisé par La Blancherie, avec un buste de sa sœur Adélaïde en Vierge et un bas-relief représentant le duc d'Orléans.

[3] Le *Dictionnaire des Artistes français*, de Bellier de la Chavignerie, la faisait naître à Blois, et, sur cette assurance, j'ai demandé à M. le maire de Blois de faire pratiquer des recherches dans les anciens registres de catholicité de cette ville. Ces recherches, poursuivies avec beaucoup d'attention, n'avaient donné aucun résultat. Sachant que la pauvre artiste était morte pensionnaire à la Salpêtrière, j'ai eu plus tard l'idée de demander si l'on n'avait point gardé, à l'Assistance publique, une fiche statistique, qui s'est trouvée, ainsi formulée :

*M^{lle} Charpentier Marguerite-Julie, artiste, née à Paris le 22 janvier 1770.*

*Habitait rue de Lourcine, lorsqu'elle est entrée à la Salpêtrière le 3 octobre 1843.*

*Décédée à la Salpêtrière le 23 février 1845.*

Bellier de la Chavignerie, aussi mal renseigné sur la mort que sur la naissance de Julie Charpentier, donnait, pour la date de son décès, *l'année 1843 !*

[4] Et non le 30 octobre, comme l'affirme La Chavignerie. Voici l'acte de baptême dont M. le maire de Blois a bien voulu m'adresser la copie :

«L'an mil sept cent trente quatre, le quatrième jour du mois d'octobre, j'ay, vicaire soussigné, baptisé François-Philippe né d'aujourd'huy du légitime mariage de Philippe-Jean Charpentier et de Catherine Gagnon. Le parrain M. Charles de Brie, premier garde particulier des eaux et forêts de Blois, la maraine M^{de} Marie-Magdelaine Renaud, épouse de M. Philibert Masson, marchand libraire à Blois, tous deux de cette paroisse, lesquels ont signé le présent acte avec nous.»

(*Suivent les signatures.*)

(Extr. des *Registres de la paroisse Saint-Honoré* pour l'année 1734.)

à l'État, lui avait valu le titre de *mécanicien du Roi* et divers avantages matériels, dont l'un des plus appréciés était le logement au Louvre. On doit encore à Philippe Charpentier une machine à graver pour les fabricants de dentelles, une machine à percer imaginée en 1771[1], des laminoirs, des pompes, etc., etc. [2]. Ses deux filles, Julie et Adélaïde, nées au Louvre, ont été, l'une et l'autre, artistes; toutefois Julie seule a laissé des œuvres d'une certaine valeur, parmi lesquelles il en est deux au moins qui nous intéressent d'une façon exceptionnelle : le buste de Geoffroy Saint-Hilaire, qui vient d'être rapidement décrit, et celui de Georges Cuvier, qui lui fait pendant et dont nous devons une épreuve à M. Albert Geoffroy [3].

J'ai dit que les débuts de Julie Charpentier remontaient à 1787; elle avait par conséquent dix-sept ans. Huit années plus tard, elle reparaissait au Salon, avec quatre terres cuites, de styles variés, statues et statuettes, et en 1796 et 1800, elle exposait encore quatre bustes, dont celui de François Montgolfier.

Son adresse était dès lors *aux Gobelins,* où Charpentier avait obtenu de s'établir (1793) après la suppression des logements du Louvre. Les deux sœurs ont demeuré là jusqu'en 1826, dans un appartement de six pièces avec un atelier, quoique leur père, que ses inventions n'avaient pas en-

---

[1] Cette machine intéressante avait été acquise par le Conservatoire en 1811. *Rapport de M. Molard, administrateur du Conservatoire des Arts et Métiers, 18 août 1811*) [*Moniteur universel.* Jeudi, 29 août 1811]. Molard, à propos de cette pièce, fait l'éloge de Charpentier «mécanicien très distingué» et mentionne «plusieurs autres machines de l'invention du même artiste, qui ont un caractère d'originalité, décèlent un génie inventeur et commandent l'estime par leur utilité».

[2] M. le colonel Laussedat, membre de l'Institut, directeur actuel du Conservatoire, veut bien me signaler les dessins et les modèles de Charpentier appartenant à cet établissement ou ayant figuré jadis dans ses collections.

Ce sont : 1° *Dans les archives et au portefeuille dit «de Vaucanson»* : machine nouvelle pour scier et débiter le bois en long, grand dessin gravé; machine à faire les vis, croquis et description; machine à percer imaginée en 1771; modèle de laminoir (tuyaux de plomb sans soudure, de 4 à 5 mètres); scierie à bras (châssis conduit par des arcs de cercle); scierie à bras (châssis conduit par des arcs de cercle armés de fer faisant ressort).

2° *Modèles ayant figurés dans les galeries, mais remis au Domaine depuis assez longtemps* : scierie à manivelles coudées; pompe à incendie avec réservoir d'air; machine à raboter les canons de fusil.

3° *Modèles exposés dans les galeries* : pompe à deux corps sur un seul tuyau d'aspiration, mise en mouvement par la rotation d'un cercle incliné sur l'arbre du moteur; laminoir pour étirer les tuyaux de plomb sans soudure.

[3] Ce buste en plâtre bronzé avait été offert par Georges Cuvier à Étienne Geoffroy Saint-Hilaire, au retour de ce dernier de l'Expédition d'Égypte.

richi, eût depuis longtemps regagné la ville natale [1]. Elles n'ont même déménagé à cette date que parce que le bâtiment tombait en ruines, et que «la liste civile se refusait à entreprendre d'onéreuses réparations».

Leur existence était précaire; leur talent modeste ne suffisait pas à les faire vivre, et elles durent chercher dans une occupation manuelle les ressources que leur art ne réussissait pas à leur procurer. La fréquentation du Muséum avait suggéré à Julie l'idée de modeler en petit certaines pièces intéressantes, comme la fameuse tête du crocodile de Maëstricht; plus tard, elle fut conduite à préparer et à monter des Mamifères et des Oiseaux, et le 26 juin 1801 (7 messidor an IX), elle offrait en ces termes ses services à l'Assemblée des professeurs :

Le dessein et la sculpture, qui font depuis longtems mon occupation, disait-elle, m'aiant donné beaucoup de facilité pour la préparation des Oiseaux, et particulièrement pour celle des Quadrupèdes, j'ai profité des conseils et des avis des citoiens Desmoulins, Dufresne et Maugé [2] et j'ai déjà beaucoup travaillé en ce genre que j'aime et auquel je désirerois me consacrer entièrement.

Si l'Administration du Muséum d'histoire naturelle vouloit me donner de l'occupation, je demanderois à monter un Quadrupède, et que cet animal fut ensuite examiné par les professeurs de zoologie, ou par telle autre personne qu'il plairoit à l'Administration de nommer à cet effet pour lui faire un rapport.

  Salut,

Julie CHARPENTIER,<br>
sculpteur aux Gobelins.

Le 6 juillet suivant (17 messidor), l'artiste fait présenter à l'Administration plusieurs Quadrupèdes et Oiseaux qu'elle avait préparés, et au sujet desquels Desmoulins et Dufresne présentent un rapport favorable le 26 du même mois (7 thermidor).

[1] Philippe Charpentier est mort à Blois le 23 juillet 1817, comme en témoigne l'acte de décès de M. le maire de cette ville :

«L'an mil huit cent dix sept, le vingt-troisième jour du mois de juillet, par-devant nous Pierre-Étienne Besnier, officier de l'état civil de la commune de Blois, canton de Blois, département de Loir-et-Cher, sont comparus Louis Blanchon, greffier des prisons de Blois, âgé de soixante-sept ans, et François Seron, sacristain de l'église Saint-Nicolas-de-Blois, âgé de soixante-huit ans, lesquels nous ont déclaré que ce jourd'huy, à cinq heures du matin, François-Philippe Charpentier, mécanicien, né et domicilié à Blois, veuf de dame Julie Savonet, âgé de quatre-vingt-trois ans, fils de feu Philippe-Jean Charpentier et de feue Catherine Gagnon son épouse, ses père et mère, est décédé en son domicile au Chemonton. Les témoins nous ont dit être voisins du décédé et ont signé avec nous le présent acte après lecture faite.

( Signatures. )

[2] Aides-naturalistes et préparateur au Muséum.

Enfin, le 18 mars 1802 (27 ventôse an x), elle rapporte montée [1] la Panthère dont on lui avait confié la peau, huit mois plus tôt, et une somme de 288 francs est attribuée à ce travail. C'est vers le même moment que Julie Charpentier modelait pour le Salon le portrait du professeur de Zoologie récemment revenu d'Egypte et dans le laboratoire duquel elle demandait à prendre place.

Je retrouve de ci, de là [2] le nom de la laborieuse fille dans les registres des années suivantes. Elle n'a pas réussi à obtenir un emploi bien défini, elle travaille *aux pièces;* son habileté est connue et appréciée, mais on ne peut pas, faute d'argent, l'occuper régulièrement, quoique son nom soit «inscrit favorablement» sur les registres de l'Administration (22 juin 1803).

Les années se passent, et quoiqu'elle obtienne, de temps en temps, un buste à faire [3]; que le bureau de bienfaisance de Blois lui confie, par exemple, l'exécution du monument de Corbigny (6 brumaire an xiii), la gêne augmente, la misère menace l'artiste qui vieillit, et, le 3 février 1819, Geoffroy Saint-Hilaire, qui n'a pas cessé de s'intéresser à elle, appelle l'attention de l'Assemblée des professeurs «sur la malheureuse position où se trouve la demoiselle Charpentier [4]».

«Il est chargé de faire un rapport sur l'état du laboratoire de zoologie et sur les moyens qu'on pourrait avoir d'employer cette artiste d'une manière utile», rapport qui aboutit l'année suivante à la faire travailler *aux pièces* [5] un peu moins irrégulièrement, tantôt au Muséum (1821) et tantôt chez elle. Ce n'est qu'à la fin de janvier 1826 qu'on a pu assurer à Julie Charpentier, alors âgée de plus de 56 ans, les *vingt-quatre francs par semaine* qu'elle sollicitait depuis longtemps [6]; il est vrai que, cette même année, elle perdait, comme on l'a vu plus haut, son logement délabré des Gobelins, et que ce fut seulement à la fin de décembre 1830 que l'Administration du Muséum put lui offrir un asile provisoire au premier étage de la «maison du Boulevard [7]».

Les dernières années de Julie Charpentier furent tout à fait malheu-

[1] *Procès-verbaux*, t. VIII, p. 27, 41.

[2] *Procès-verbaux*, t. VIII, p. 84; t. IX, p. 85; t. XVI, p. 201.

[3] Je citerai ceux de Marcel, directeur de l'Imprimerie impériale (1804), du colonel Morland, tué à Austerlitz (1806), du roi de Rome, de Pierre Lescot, de son père Philippe Charpentier (1812), du général Ordener, de Gérard Audran (1814), de Vian, du Dominiquin (1819), etc.

[4] *Procès-verbaux*, t. XXIII, p. 123.

[5] *Ibid.,* t. XXIV, p. 134. — Cf. t. XXVII, p. 6, et le registre de Dufresne au laboratoire de Zoologie (Mamm. et Ois.).

[6] *Ibid.,* t. XXXI, p. 50.

[7] *Ibid.,* t. XXXIV, p. 105, 110.

reuses[1]. Elle finit par entrer pauvre et infirme à la Salpêtrière le 3 octobre 1843 et peu après (23 février 1845) y terminait ses jours, à l'âge de 75 ans.

Triste fin d'un sculpteur distingué, dont les œuvres délicates avaient plusieurs fois recueilli les éloges du public et des artistes au début d'une longue carrière toute consacrée au travail.

[1] Elle paraît avoir renoncé à modeler après 1824 et le dernier dessin de sa main, dont j'ai trouvé la trace, est de 1830 (*Proc.-verb.*, t. XXXIII, p. 240).

NOTE SUR DES INSTRUMENTS DE PIERRE TAILLÉE
PROVENANT DU BORDJ-INIFEL, SAHARA ALGÉRIEN,

PAR M. E.-T. HAMY.

Extrait du *Bulletin du Muséum d'histoire naturelle*. — 1899, n° 7, p. 334.

J'ai reçu de M. Jacquin, maréchal des logis aux spahis sénégalais, par l'intermédiaire de mon collègue et ami M. Léon Vaillant, une petite collection saharienne, qui se recommande à l'attention des ethnographes à un double point de vue. Non seulement, en effet, les objets qui la composent sont d'un travail exceptionnellement délicat, mais aussi ils proviennent d'un canton peu connu jusqu'à présent et dans lequel on n'avait pas encore signalé de traces des populations primitives.

Je veux parler du territoire qui s'étend autour du Bordj-Inifel, à 1°20' à l'Est du Méridien de Paris, et par 29°40' de latitude Sud, et fait partie de la vallée supérieure de l'Oued-Mya, qui aboutit, comme l'on sait, par 32 degrés, vers Ouargla, à l'extrémité méridionale de la région des Chotts. M. Foureau, en revenant de son voyage au Tademayt en mars 1890, avait rencontré un atelier de silex taillés, à Guern-el-Messegued [1], au bord de l'Oued du même nom à 70 kilomètres au Sud-Est de Inifel. M. le D' Weisgerber en avait signalé un autre dans les dunes de Mechgarden [2], point extrême atteint par la mission Choisy, à quelques kilomètres au Sud-Est de El-Golea. On ne connaissait pas de station intermédiaire [3].

Celle que M. Jacquin vient de découvrir, au confluent de l'Oued-Mya et

[1] F. FOUREAU. *Une mission au Tademayt (territoire d'Insalah) en 1890*. Paris, 1890, in-8°, p. 112-113. — M. Foureau a de nouveau exploré cette station en décembre 1893.

[2] WEISGERBER. *Rapport sur les faits anthropologiques observés pendant la mission.* (*Documents relatifs à la mission dirigée au Sud de l'Algérie*, par M. A. Choisy, t. III, p. 421), Paris, 1895, in-4°.

[3] Dans le *raid* audacieux qui l'a conduit aux abords d'In Çalah (novembre 1893), M. F. Foureau est passé un peu au Sud d'Inifel, mais le temps lui a manqué pour chercher, comme il le fait toujours, les traces des populations préhistoriques. Il a seulement ramassé au bord de l'Oued-In-Esseki, à la hauteur de Kef el Ouar, un fragment de petit couteau et une sorte de foret en silex taillé (*Trocadéro*).

de l'Oued-In-Esseki[1], lui a donné abondamment de très jolis instruments de pierre de faibles dimensions (le plus grand ne dépasse pas 7 centimètres), mais admirablement taillés suivant des types à peu près identiques à ceux des stations déjà connues dans le même bassin et aux environs de Ouargla, en particulier[2].

Ce sont, pour la plupart, de petites flèches en silex ou en jaspe, de formes élancées, finement travaillées à petits éclats sur leurs deux faces, de manière que l'une de ces faces soit sensiblement plus convexe que l'autre, cette dernière pouvant même, dans quelques cas, conserver à peu près son aspect naturel. Une soie, plus ou moins allongée, les termine vers la hampe, et deux barbelures s'en détachent symétriquement, transversales ou obliques et plus ou moins étalées en largeur (fig. 1).

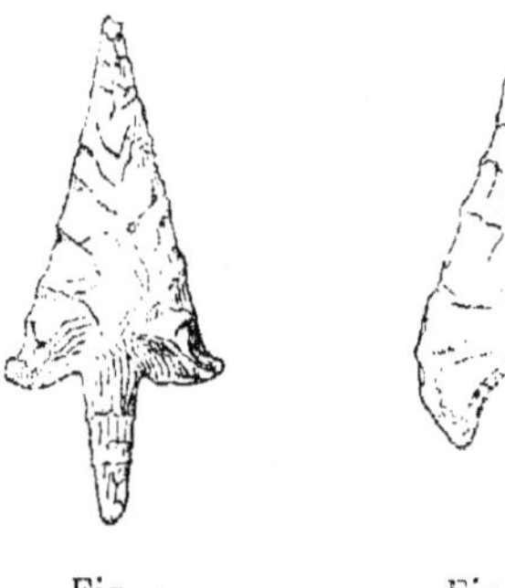

Fig. 1.                    Fig. 2.                    Fig. 3.

Ces petites flèches barbelées sont communes dans tout le Sahara algérien, et notamment dans la vallée inférieure de l'Oued-Mya, à Ngoussa, au Bordj-Bamendil, etc., où Féraud, Thomas, Largeau, Rabourdin et bien d'autres en ont naguère ramassé un fort grand nombre. On les trouve aussi en abondance dans le *hamada* de l'Oudje nord, à Hassi-Ghourd-Oulad-Yaïch en particulier, puis vers Aïn-Teïba, El-Biodh, etc.

D'autres pointes de flèches de Bordj-Inifel, tout aussi habilement taillées, sont dépourvues de soie et recourbent vers la hampe leurs barbelures rapprochées (fig. 2). M. Foureau a décrit spécialement ce type industriel, à propos de ses recherches dans les *feids* et les *gassis* de l'Erg[3].

D'autres pointes encore, étroites et fusiformes, convexes d'un côté, presque plates de l'autre, formeront un troisième petite groupe, plus circonscrit et moins abondant.

Une seule fois (fig. 3), M. Jacquin a retrouvé le type spécial signalé par

[1] Cf. *Mat. pour l'hist. de l'homme*, t. XI, p. 71, 1876, etc.

[2] F. FOUREAU, *op. cit.*, p. 113.

[3] *Ibid.*, p. 109.

M. le commandant de Nadaillac à Ras-el-Oued, dans l'oasis de Gabès. On se rappelle que cet officier a recueilli, dans cette localité, nombre de petits instruments taillés à petits coups sur une de leurs faces, de telle sorte que l'un des bords étant demi-circulaire, l'autre reste rectiligne et que la figure, ainsi déterminée, reproduise un segment de cercle.

La collection de Bordj-Inifel comprend encore diverses scies en jaspe : l'une est denticulée des deux côtés d'une façon assez régulière ; une autre n'offre de serrations que sur un des côtés de sa lame ; une troisième est garnie de petites dents en son milieu et se termine par une pointe à chaque extrémité.

Les scies en silex ne sont pas communes au Sahara ; les immenses collections rapportées par M. Foureau n'en comprennent qu'un assez petit nombre, provenant d'El-Biodh, d'Hassi-Mengheb, d'Hassi-Ghourd-Oulad-Yaïch, etc. La troisième variété, dont il vient d'être fait mention, tient le milieu entre certaines pointes des dolmens de l'Aveyron et un autre instrument rapporté par Cessac de l'archipel californien.

Avec ces instruments de pierre, M. Jacquin a recueilli une petite collection de fragments d'œufs d'Autruche travaillés, d'un brun clair ou noircis au feu. Les uns sont à l'état d'ébauches et représentent simplement un morceau d'écaille perforée ; les autres sont tout à fait terminés et affectent la forme de rondelles, parfaitement circulaires et percés d'un trou qui varie en diamètre de 3 à 4 millimètres. Les œufs dans lesquels ces pièces ont été découpées atteignaient environ 2 millimètres d'épaisseur ; ils ressemblent exactement à ceux des collections Foureau, Rabourdin, Dybowski, etc.

Un cristal de calcite pourrait bien avoir été ramassé jadis par les indigènes à titre de curiosité naturelle!

La poterie, qui abonde dans certaines stations sahariennes, serait rare à Inifel, car M. Jacquin n'en a envoyé aucun échantillon...

En résumé, la nouvelle station saharienne relie dans l'espace les abords de El-Golea au bassin de l'Oued-Messegued et reproduit les formes industrielles les plus essentielles de l'Oued-Mya et des abords du grand Erg, qu'elle représente par des échantillons d'une remarquable perfection.

# La grotte du Kakimbon à Rotoma, près Konakry (Guinée française),
## par M. E.-T. Hamy.

Extrait du *Bulletin du Muséum d'histoire naturelle*. — 1899, n° 7. p. 337.

J'ai déjà eu l'occasion d'entretenir l'assemblée des Naturalistes du Muséum de la découverte faite, dans un défrichement de la vallée de la Dubrèka, par M. Fr. Colin, de deux instruments de pierre dont j'ai donné la description dans notre *Bulletin* de 1897 (p. 282-283).

La collection, dont je présente aujourd'hui les meilleurs spécimens, vient d'une région toute voisine. La grotte du Kakimbon à Rotoma, d'où elle sort, est ouverte, en effet, entre Kaporo et Konakry, à 10 kilomètres de la mer, et c'est en étudiant le tracé de la route de Dubrèka qu'on l'a, pour la première fois, explorée très superficiellement en 1893.

M. Mouth, conducteur colonial des travaux publics, constata alors, dans une fouille rapide, qu'il s'y rencontrait une épaisse couche de débris de toute sorte, poteries, coquilles d'Huîtres, cendres, etc., prouvant, assurait-il, «que l'on se trouvait en présence d'un abri ayant servi aux habitants de cette région à une époque fort éloignée[1]».

M. le D<sup>r</sup> Maclaud reconnut, à la fin de 1896, qu'au-dessous de cette première couche, qu'il considérait plutôt comme formée en grande partie d'*ex-voto* de féticheurs, il y en avait une autre où s'accumulaient, dans un dépôt rouge ocreux, des fragments d'une roche ferrugineuse, dont quelques-uns lui paraissaient présenter des traces de travail humain.

Les spécimens, qu'il m'adressait à la date du 31 janvier 1897, n'étaient toutefois rien moins

Fig. 1.
Hache polie en grès, de la grotte du Kakimbon.

que démonstratifs: une pièce ou deux seulement montraient, sur l'une des faces, inégale et grossière, une sorte de plan de frappe avec un petit arrachement irrégulier, et le diagnostic porté par notre zélé correspondant me parut un peu prématuré.

[1] Cf. *Rapport sur une fouille exécutée dans la grotte de Rotoma, près Konakry* (*Rev. Coloniale*, septembre 1899, p. 497-501).

M. Mouth, devenu chef du service des travaux publics de la colonie, ayant été chargé en avril dernier d'étudier l'installation d'une conduite d'eau entre Kaporo et Kenakry, repassa par la grotte et y fit pratiquer une excavation de 80 centimètres de côté sur 1 mètre de profondeur. Cette fois, il recueillait plusieurs pièces manifestement travaillées. Un petit crédit fut accordé par le gouverneur, M. le D' Ballay, et une fouille régulière de la couche rouge procura plus de 300 objets qui semblent bien se rapporter, comme on va le voir, à une période comparable à notre néolithique.

M. Paroisse vient de m'en remettre une petite série pour notre collection publique. Toutes ces pièces, quelle que soit la roche dont elles sont tirées, sont recouvertes d'une poussière rougeâtre, peu adhérente, qu'un lavage rapide suffit à faire complètement disparaître. Or, les plus importantes sont des haches de grès poli. J'en ai deux sous les yeux :

La meilleure est d'un gris verdâtre, rude et râpeuse, polie en long de manière à déterminer plusieurs plans étroits qui suivent l'axe de l'instrument. Les deux faces sont convexes, les bords droits et parallèles; le tranchant est demi-circulaire, la base est carrée. Cette première hache atteint 90 millimètres de longueur, 38 millimètres de largeur, 25 millimètres d'épaisseur.

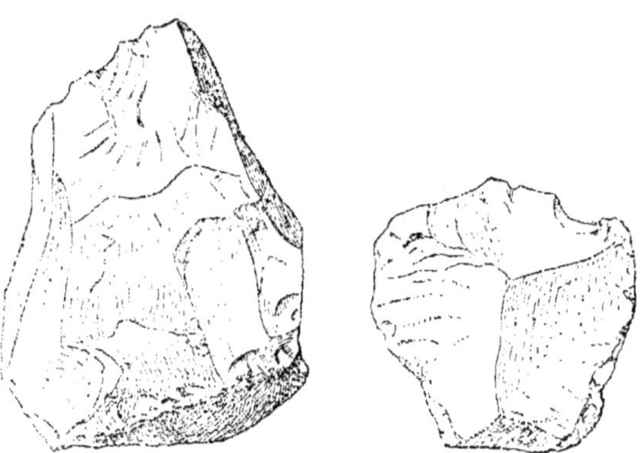

Fig. 2 et 3. — Limonites taillées de la grotte du Kakimbon.

La seconde hache, plus petite et moins bien polie, est de forme toute différente; beaucoup plus large au tranchant qu'à la base, elle affecte une forme à peu près triangulaire. Ses bords sont mousses, son talon est pointu. Elle est longue de 61 millimètres, large de 48 millimètres, épaisse de 22 millimètres.

Avec ces haches se rencontrent, dans la seconde couche de la grotte du Kakimbon, un grand nombre d'éclats, taillés dans une limonite brune-jaunâtre, à luisants métalliques. Mal définis, en raison de la grossièreté même de la roche dont on les a tirés, ces instruments rentrent plus ou moins dans le type du couteau ou de la pointe, plus ou moins ovale, discoïde et subtriangulaire.

L'un de ces outils — le plus intéressant peut-être — est une sorte de petite hachette de la forme dite *du Moustier* (fig. 2), longue de 47 millimètres, large de 33 millimètres, épaisse de 10 millimètres.

Un second s'étale et s'aplatit, en s'arrondissant des bords, de façon à se rapprocher de la forme d'un disque (fig. 3).

Un troisième prend la figure d'un triangle isocèle, dont l'un des angles, celui qui correspond à la base, aurait été un peu tronqué.

Toutes ces pièces présentent d'ailleurs leur face inférieure à l'état naturel; le bulbe de percussion y est peu distinct et la petite surface d'arrachement est assez mal indiquée.

Les dimensions sont fort exiguës; il n'y a dans tout le gisement aucun instrument, taillé ou poli, un peu volumineux [1].

D'ailleurs, la limonite n'existe pas sur place à l'état naturel. M. Maclaud s'est assuré que le massif du Mancah est le point le plus rapproché où cette roche apparaisse. On ne rapportait sans doute de l'affleurement que les fragments dont on pourrait tirer quelque parti.

Après avoir été jadis occupée par des Troglodytes, encore indéterminés dans leurs caractères ethniques, la grotte du Kakimbon est devenue, pour les Bagas, les Soussous, etc., un lieu très redouté, où siège un génie qui rend des oracles et joue un rôle de premier ordre auprès des nègres du voisinage.

Les Bagas faisaient, avant notre arrivée, des sacrifices devant la grotte, sacrifices de Bœufs, de Moutons, de riz et même d'eau-de-vie, et parfois aussi y égorgaient des captifs [2].

C'était la secte des Simos qui profitait des offrandes dont elle faisait disparaître les moindres restes en les jetant dans le petit lac qui gît devant la cavité. Ainsi s'explique comment on n'a rencontré au Kakimbon aucun ossement avec les grès polis et les limonites taillées!

Peut-être n'en serait-il pas de même dans les couches très anciennes qu'il reste, dit-on, à explorer?

Il appartient à M. le D<sup>r</sup> Ballay, qui a facilité les premières recherches, d'organiser, s'il le juge à propos, une nouvelle expédition, assez bien outillée pour fouiller, *à fond*, un gisement dont l'étude complète intéresse directement tous les hommes de science que préoccupent les grands problèmes de l'ethnogénie africaine.

----

[1] Cf. *Rapport sur une fouille exécutée dans la grotte de Rotoma, près Konakry* (*Rev. Coloniale*, septembre 1899, p. 500).

[2] *Loc. cit.*, p. 500-501. — Cf. *Rev. d'Anthrop.*, 1880, p. 424.

CRÂNE PERFORÉ DE TARAHUMAR DE LA CUEVA DE PICACHIC (CHIHUAHUA),

PAR M. E.-T. HAMY.

Extrait du *Bulletin du Muséum d'histoire naturelle*. — 1899, n° 7 p. 339.

Parmi les pièces anatomiques que le savant directeur du *Museo Nacional de Mexico* a bien voulu m'envoyer en communication après la clôture de l'exposition de Madrid, figuraient quelques portions de sujets momifiés, exhumées par le P. A. Gerste de diverses *Cuevas* de la région au Sud-Ouest de Chihuahua, et notamment de celles de Picachic et de Tomochic.

L'une de ces momies, presque entière, est celle d'un enfant de quatre ans ou environ; elle est accroupie, les genoux ramenés vers la poitrine et enveloppée d'une sorte de *manta* en cordelettes de coton tressées grossièrement. Une seconde comprend seulement la tête, le cou et une côte encore adhérente. Une troisième est réduite au crâne; mais ce crâne, en partie couvert du cuir chevelu, assez bien conservé, quoique complètement dépourvu de poils, offre pour nous un intérêt tout à fait exceptionnel.

C'est un crâne d'homme : les sinus frontaux sont très développés, très saillants; une lamelle osseuse, de moins d'un millimètre d'épaisseur, constitue la paroi antérieure de leur cavité; la paroi postérieure, également très mince, est séparée de l'antérieure par un intervalle de 8 à 9 millimètres.

Ces deux tables osseuses apparaissent l'une et l'autre nettement perforées, quand on soulève le lambeau de peau desséchée qui masque le frontal.

Un trou, large de 8 millimètres, long de 16 à 17 millimètres, y dessine une sorte d'ovale dont le grand axe est fort oblique et qui se termine à ses

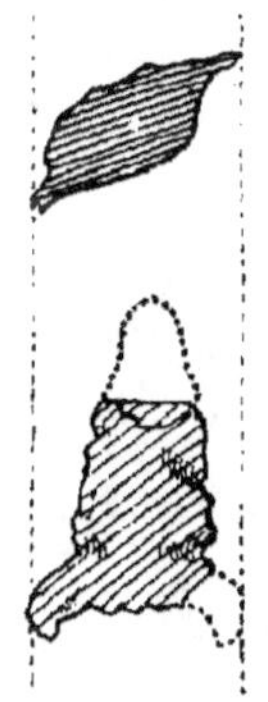

deux extrémités par de petites encoches nettement découpées et symétriques, qui indiquent sûrement que le corps qui a brisé l'os était un corps dur, aplati, limité par deux bords tranchants.

La table interne est éclatée irrégulièrement, autant qu'on en peut juger, à travers l'orifice de la blessure. Aucune trace de cicatrisation ne se montre sur l'os; la mort a été immédiate.

En dégageant l'intérieur de la cavité crânienne des débris de la dure-mère, encore adhérents, afin de pouvoir cuber la pièce, nous avons rencontré l'arme homicide : une jolie flèche en calcédoine, d'un type qui n'est point rare dans cette partie du continent américain. L'un des pédoncules est intact, l'autre a été brisé par le choc; en le reconstituant, comme je l'ai fait dans la petite figure ci-contre, on obtient tout juste la largeur qui sépare

les deux encoches, manifestement produites par ces deux saillies latérales.

Le bout de la flèche a été également brisé, à quelque distance de la pointe!

L'observation que je viens de résumer est intéressante par elle-même,
puisqu'elle nous fait assister, en quelque sorte, à un de ces drames de l'âge
de pierre contemporain, dont les récits de quelques voyageurs ethnographes nous ont plusieurs fois retracé le vivant tableau.

Elle est plus intéressante encore, si on la rapproche de certaines observations recueillies en ces derniers temps dans les stations préhistoriques de
l'Europe occidentale. Nilsson et Ed. Lartet d'abord, et après eux MM. J. de
Baye, Baudrimont, Marion, Prunières et quelques autres, ont fait connaître, en effet, des pièces osseuses, paléolithiques ou néolithiques, provenant de l'homme et de divers mammifères : Renne, Auroche, etc., dans
lesquelles s'étaient trouvées enchâssées des pointes de flèches de silex, et
ces différentes pièces, toutes fort anciennes, sont exactement comparables à
la pièce presque moderne de Picachic.

L'ensemble de ces observations, analogues, recueillies un peu partout
dans le temps et dans l'espace met ainsi une fois de plus en évidence des
similitudes étroites, extrêmement importantes à constater par quiconque
s'intéresse à l'étude de l'ethnographie générale [1].

[1] Il n'est pas inutile d'insister de nouveau, après M. J. de Baye, sur ce que
renferme d'inexact, au point de vue spécial où nous nous plaçons ici, la thèse sou-
tenue par Worsaae dans ses *Antiquités primitives du Danemark*. Le savant Danois
n'assurait-il pas que les flèches néolithiques étaient insuffisantes contre les grosses
espèces de Mammifères? Qu'aurait-il répondu, si on lui avait montré l'homme de
Picachic tué net par une petite flèche de calcédoine qui parvient à lui traverser le
cerveau?...

IMPRIMERIE NATIONALE. — Décembre 1899.

Extrait du *Bulletin du Muséum d'histoire naturelle.* — 1899, n° 8, p. 403.

Isidore Geoffroy-Saint Hilaire a distingué, sous le nom de *Proencéphales*[1] ( πρὸ, en avant, ἐγκέφαλος), un genre de monstres exencéphaliens «caractérisé par le déplacement herniaire antérieur de l'encéphale, et par l'existence d'une ouverture dans la région frontale du crâne. Une vieille observation de John (de Windsor) et de Jacobæus, puis l'examen d'un fœtus monstrueux du Musée d'histoire naturelle de Bruxelles[2] avaient suffi à la constitution de ce petit groupe, dont les caractères extérieurs ont été seuls brièvement analysés dans les deux pages de l'*Histoire des anomalies*, consacrée à ce nouveau genre.

Les Proencéphales sont très rares, et l'étude anatomique de ce genre d'exencéphaliens demeurait obscure, lorsqu'un hasard imprévu vint mettre entre mes mains la pièce que j'ai l'honneur de vous présenter aujourd'hui.

Elle a appartenu à un sujet à terme de moyenne grosseur, et d'ailleurs bien conformé. La tête, de dimensions ordinaires, présentait, au-dessus d'un visage qui ne se singularisait que par un certain degré d'écartement des yeux et un peu d'affaissement de la racine du nez, une tumeur molle, ovoïde, aplatie, haute de 4 centimètres environ, large de 7 centimètres et demi. Formée par le cuir chevelu légèrement distendu, elle était garnie des deux côtés de poils courts et clairsemés. C'étaient les deux hémisphères cérébraux, d'apparence régulière, enveloppés de leurs membranes propres et séparés, comme à l'état normal, par une faux plutôt un peu épaissie. L'hémisphère droit était situé à la fois un peu plus bas et un peu plus en avant que le gauche, et les extrémités antérieures des deux masses cérébrales assez écartées pour qu'un sillon bien apparent décelât leur séparation sous la peau.

L'encéphale détaché, ce qui restait de sa boîte osseuse apparut remarquablement aplati dans le sens vertical. Le crâne, long de 67 millimètres, large de 57, semblait avoir entièrement perdu sa voûte, dont il ne restait à peu près rien d'apparent, au-dessus d'un plan horizontal passant par la

[1] Isidore Geoffroy-Saint Hilaire, *Histoire générale et particulière des anomalies de l'organisation chez l'homme et les animaux.* Paris, 1836, t. II, p. 298.
[2] *Ibid.*, p. 299 et n. 1.

glabelle et le lambda. Un examen attentif permit toutefois de retrouver les éléments des os crâniens, réduits et repliés, autour d'une ouverture longue de 53 millimètres, large de 49, qui a manifestement donné issue au cerveau.

En avant sont les frontaux, séparés par une suture fort lâche et dont l'écaille n'est plus représentée que par deux lamelles rabattues en une sorte de visière courte, posée un peu obliquement, de haut en bas et de gauche à droite. La face postérieure des frontaux, dont il ne reste que la portion horizontale, constitue de chaque côté de l'ethmoïde une large plate-forme un peu convexe, sur laquelle portait la base du cerveau.

Les petites ailes du sphénoïde sont toutes boursouflées, et la selle turcique atteint un volume relativement considérable.

Les pariétaux, articulés en dehors avec ces frontaux rudimentaires sur une étendue d'un peu moins d'un centimètre, refoulés par la base de la tumeur cérébrale, ont pris un aspect falciforme. Ils encadrent d'un bord retroussé, épaissi, de forme demi-circulaire, la base postérieure de l'exencéphalie, en même temps qu'ils abritent, pour une certaine part, le cervelet et le bulbe demeurés en place dans la cavité amoindrie, mais encore assez étendue, du crâne inférieur et postérieur.

L'orifice délimité par ces deux os et par les sphénoïdes mesure 56 millimètres sur 20. Ces pariétaux à demi atrophiés sont excavés le long de leur articulation avec les écailles fort surbaissées des temporaux et remontent en dedans et en arrière par les sutures sagittale et surtout lambdoïde. La sagittale ne dépasse pas un centimètre d'étendue d'avant en arrière, ses bords denticulés s'écartent en son milieu en une petite fontanelle (*Fontanelle de Gerdy*[1]) qui mesure 5 millimètres en travers et autant d'arrière en avant.

L'écaille occipitale, régulière dans sa portion cérébelleuse, est réduite, pour sa portion cérébrale, à une sorte de bourrelet étroit, qui se rabat au-dessus et en avant de la protubérance vers l'angle lambdatique, de façon à déborder cet angle d'environ 6 millimètres en arrière[2].

Protégé par cet éperon osseux et les deux lames parallèles déjà décrites, le cervelet s'est développé suffisamment, tandis que la protubérance et le bulbe demeuraient, semble-t-il, à l'état normal. Le déplacement herniaire, suivant l'expression d'Étienne Geoffroy, n'a ainsi porté que sur les hémisphères.

Dans le sujet décrit par John et par Jacobœus, le cervelet avait également

---

[1] Cf. E.-T. HAMY, *Recherches sur les fontanelles anormales du crâne humain* (*Journal* de Robin, nov. 1871).

[2] Cette disposition reproduit fort exactement celle que Geoffroy a figurée en 1831 chez le podencéphale de Serres, dans la planche 4 du tome VII des *Mémoires du Muséum*.

conservé sa position naturelle, et dans le sujet de Bruxelles, «une partie de l'encéphale paraissait être de même contenue dans la cavité crânienne».

Suivant Isidore Geoffroy, la face du proencéphale devrait présenter nécessairement de graves déviations, «à cause de la disposition particulière de la tumeur hydroencéphalique»; les yeux, notamment, seraient petits et mal conformés, et le nez disparaîtrait entièrement.

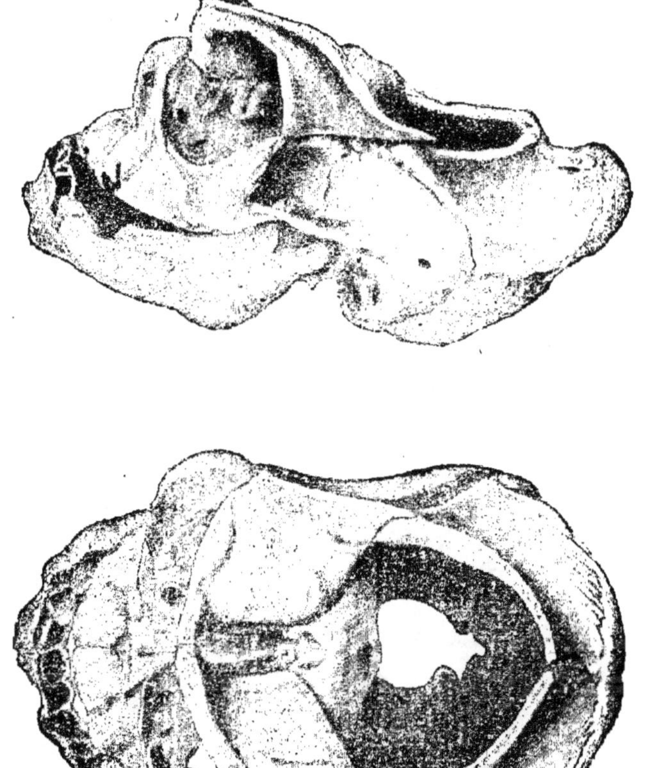

Crâne d'exencéphalien proencéphale.
(Vu de profil et d'en haut, grand. nat.)

Il n'en est certainement pas toujours ainsi, et sur notre sujet, notamment, le squelette facial ne présente d'autre particularité que d'être légère-

ment aplati de haut en bas : les orbites sont microsèmes, et le nez est pla-
tyrrhinien.

Je ferai encore remarquer, en terminant cette courte étude, que les alvéoles
incisifs forment des bourrelets relativement saillants et volumineux, et que
les sutures intermaxillaires se voient très nettement au palais.

Je donne ci-dessus deux figures représentant mon proencéphale vu de
profil et par-dessus. La seconde de ces figures est surtout intéressante, parce
que l'on peut y suivre nettement les contours de la base de la tumeur
exencéphalique et se rendre un compte bien exact de ses rapports avec le
crâne en avant, et en arrière avec les portions inférieures du cerveau demeurées
à peu près normales.

*La famille de* Guy de la Brosse,

par M. E.-T. Hamy.

Extrait du *Bulletin du Muséum d'histoire naturelle.* — 1900, n° 1, p. 14.

J'aime à supposer que les lecteurs de ce *Bulletin* auront pris quelque intérêt aux recherches que je poursuis sous leurs yeux depuis plusieurs années, afin d'éclaircir le mystère dont s'enveloppent les origines du premier fondateur du Jardin du Roi.

A l'époque où j'ai commencé cette enquête, Guy de la Brosse n'était connu que par ses œuvres, encore ne les avait-on pas consultées toutes! [1] C'était à peine si l'on savait, depuis la publication du *Dictionnaire critique* de Jal, l'époque exacte de sa mort [2] et, par contre, la date approximative de sa naissance [3].

Il avait bien fixé lui-même à l'année 1616 le début de ses tentatives en faveur de la création du Jardin des Plantes médicinales [4] : mais pour en savoir un peu plus, il fallait lire, la plume à la main, le *Traité de la nature des plantes de* 1628 [5] et l'on y trouvait seulement un passage qui montrait l'auteur herborisant « sur le tertre du Mont Valérien » pendant l'été de 1614, et par conséquent affirmait que, dès lors, il habitait la capitale. Malheureusement, les autres petits événements mentionnés à la hâte, les voyages en diverses contrées que l'auteur rappelle avec une regrettable concision, ne se rattachent à aucune date fixe et ne peuvent, par suite, donner aucun élément nouveau à une biographie indécise et flottante.

[1] Le *Traité de la Phisionomie*, qu'on conserve à la Bibliothèque nationale dans les manuscrits de Coislin (Ms. fr. n° 19953) est resté inconnu à tous les biographes, et je n'en vois qu'un seul qui mentionne l'*Eclaircissement contre le livre de Beaugrand*, intitulé «Géostatique», publié à Paris en 1627 (in-f°).

[2] Cf. E.-T. Hamy. *Quelques notes sur la mort et la succession de Guy de la Brosse (Bull. du Mus. d'Hist. nat.*, 1897, p. 152).

[3] L'acte que j'ai reproduit, d'après Jal, dit que Guy de la Brosse était, au moment de sa mort (1641), «âgé de 55 ans», ce qui reporte sa naissance à l'année 1586.

[4] Guy de la Brosse écrivait, en effet, en 1640 (V. *L'ouverture du Jardin Royal de Paris pour la démonstration des plantes médicinales* par Guy de la Brosse, Paris, 1640, br. in-8°, p. 15) que ce jardin «est le fruit des travaux de vingt-quatre années, dix-huit de poursuite et six de culture».

[5] Guy de la Brosse. *De la Nature, Vertu et Utilité des Plantes*, divisé en cinq livres. Paris, Rollin Baragres, 1 vol. in-12, p. 75.

C'est vaguement aussi qu'il parle de son père, dans le seul passage consacré à sa mémoire, ce père «que Dieu absolve» qui «n'estoit point médiocrement entendu» dans la connaissance des plantes et dont le «sçavoir a esté conçu» dans les cours des Roys et des Princes, et par nombre de gens de bien».

«Au sentiment des plus doctes, continue-t-il, il a été jugé très bon médecin et très bon simpliste [1].»

C'est ce père de Guy de la Brosse dont nous apprenons enfin les noms, prénoms et qualités, révélés par deux pièces authentiques que je vais rapidement examiner.

La première est l'*acte de fiançailles* des parents du célèbre Fagon, médecin de Louis XIV, que je retrouve parmi d'anciennes copies de Saint-Médard, conservées au Cabinet des Titres de la Bibliothèque nationale [2] :

«1637 26 Juil[let]. Fian[çailles] de Henry Fagon, fils de f[eu] Pierre
«Fagon et de Louise Rocher, de la P[aroi]sse Saint-Germain-l'Aux[errois],
«âgé de 29 ans, comm[issai]re ord[inai]re des guerres, avec d[amois]elle
«Louise de la Brosse, fille de feu Isaye de la Brosse, Médecin du R[oy], et
«de D[amois]elle Judith de la Rivoire, dem[eura]nt chez M. de la Brosse,
«médecin du Roi, son frère, Pre[sent] Louis de la Chaussée, beau-frère
«dudit Fagon.»

Cet acte nous apprend, comme l'on voit, 1° que le fondateur du Jardin du Roi était fils d'Isaïe de la Brosse et de Judith de la Rivoire; 2° que Louise, dont la tendre affection pour Guy s'est manifestée d'une manière si touchante à diverses reprises, était non point sa nièce, mais *sa sœur*.

Pierre Fagon, le père de l'époux, mort après 1632 et avant 1637, était «escuier porte-manteau ordinaire du Roi»; Henry, le mari de Louise avait été successivement nommé conseiller du Roi, commissaire ordinaire des guerres, capitaine de cavalerie. Il est mort après 1642, séparé de biens avec sa femme. Enfin Louis de la Chaussée avait épousé Marguerite Fagon, sœur d'Henry.

Revenons aux proches parents de Guy de la Brosse, nommés dans l'acte de 1637, pour compléter ce qui le concerne, à l'aide d'un autre document plus explicite.

J'ai trouvé aux Archives nationales (Y 156, fol. 498 v°) une note relative à un certain «Jacques de Roffiniac, sieur de Marsac, demeurant à Marsac en Périgord», et à «Madeleine de Sardinis, sa femme», logés, à la date du 17 octobre 1614, à Paris, «rue de la Calandre. en la maison de la Blanque, paroisse de Saint-Germain le Vieux». Les deux époux font «dona-

---

[1] GUY DE LA BROSSE, *De la Nature, Vertu et Utilité des plantes*, divisé en cinq ivres. Paris, Rollin Baragres, 1 vol. in-12, p., 767.

[2] *Extr. des Reg. de l'Église Paroissiale de S<sup>t</sup> Médard au Fauxbourg S<sup>t</sup> Marcel lez Paris (Bibl. nat., Ms. fr. n° 32585, f° 69 v°).*

tion à Esther de la Rivoire, damoiselle ordinaire de la dame de Sardinis, d'une pension viagère de 100 livres tournois, d'une rente de grains, de la jouissance de la maison seigneuriale de Villemaheu, près Soulaines en Champagne, et d'une créance».

Et dans le texte de l'insinuation, placé comme d'habitude au bas du contrat, le copiste de 1614 a pu lire que «la procuratrice des parties y mentionnées est damoiselle *Judith La Rivoire*, veuve d'*Isaïe de Virencau, sieur de la Brosse*, conseiller et médecin ordinaire du prince de Conti», la mère de Guy et de Louise, vivante encore vingt-trois ans plus tard, au moment du mariage de cette dernière en 1637.

Guy de la Brosse était, comme on le voit, des mieux apparentés, et l'on s'expliquerait difficilement le soin qu'il met à s'isoler de toute cette généalogie, si ces noms bibliques, *Isaïe, Judith, Esther,* qui entourent son berceau, ne manifestaient pas assez clairement des origines protestantes, fort mal vues dans l'entourage du vainqueur de La Rochelle, l'un des grands protecteurs de Guy.

Au surplus, certains La Brosse pratiquaient encore la religion prétendue réformée quelques années plus tard, et les Archives nationales nous ont conservé les pièces d'un procès de 1651 entre M° Jacques de la Brosse, praticien soupçonné d'hérésie, et M° Christophe Houbereau, «scindic de la communauté des nottaires de la Ville de Tours», qui, après de nombreux incidents judiciaires, se termine enfin par un arrêt du Conseil privé, qui ordonne que le sieur de la Brosse sera reçu, en remplacement du sieur Bertrand, en l'office de notaire.

Ce La Brosse est d'ailleurs le seul que j'aie rencontré, au cours de cette petite enquête, qui ne soit pas établi dans la capitale, dont rien n'empêche d'ailleurs qu'il ait pu être originaire. Tous les autres — et ils sont nombreux — sont des Parisiens, et j'en trouve dans les actes consultés jusqu'en 1574.

Aussi me paraît-il qu'il faut tout à fait renoncer à ces origines normande ou bretonne assignées sans preuve à Guy. Fils d'un médecin pratiquant à la Cour, il a dû naître, non à Rouen ou à Nantes, ainsi qu'on l'a si souvent répété, mais bien à Paris même. Peut être finirai-je par trouver une pièce décisive dans quelque coin d'archives inexplorées!

IMPRIMERIE NATIONALE. — Février 1900.

VARIÉTÉS ANATOMIQUES DE LA *Podencéphalie*.

PAR LE PROFESSEUR E.-T. HAMY.

Extrait du *Bulletin du Muséum d'histoire naturelle*. — 1900, n° 1, p. 25.

Dès le début de ses recherches sur les monstruosités crâniennes [1], Étienne Geoffroy-Saint Hilaire avait classé à part, sous le nom de *podencéphales*, certains sujets atteints d'exencéphalie, et chez lesquels une partie du cerveau avait fait hernie à travers la voûte crânienne, mais demeurait toutefois reliée au reste de la masse, demeurée en place, par l'intermédiaire d'un pédicule plus ou moins long et plus ou moins épais.

Podencéphale, écrivait-il dans son mémoire de 1820, *tête avec cerveau sur tige* [2].

«Cerveau de volume ordinaire, mais hors crâne, porté sur un pédicule qui s'élève et traverse le sommet de la boîte cérébrale; les organes des sens et leurs enveloppes osseuses dans l'état normal; la boîte cérébrale composée de pièces affaissées les unes sur les autres, épaisses, compactes et éburnées [3].»

Une note fort ancienne de Christopher Krahe et deux descriptions récentes de Gall et de Serres avaient fourni les éléments de cette formule descriptive. Le premier document était beaucoup trop vague et la figure qui l'accompagnait, trop imparfaite, pour pouvoir être d'aucune utilité dans l'espèce [4]. Mais les deux autres constituaient vraiment les types de deux variétés tératologiques bien distinctes.

La pièce de Gall, figurée dans le grand ouvrage sur le *Système nerveux* [5] et cataloguée depuis lors par le célèbre physiologiste sous le nom fort inexact d'*acéphale complet*, fait aujourd'hui partie de nos collections (n° 5731).

[1] Geoffroy-Saint Hilaire. *Mémoire sur plusieurs déformations du crâne de l'homme, suivi d'un essai de classification des monstres acéphales* (*Mém. du Mus. d'hist. nat.*, t. VII, p. 85-162, pl. III et IV, 1821, in-4°). — Cf. *Philosophie anatomique*, t. II, p. 3 à 101, pl. XII.

[2] Ποῦς, ποδός, pied, ἐγκέφαλος.

[3] Geoffroy-Saint Hilaire, *op. cit.*, p. 155-156.

[4] Chr. Krahe, *The description of a monstruous Child, born Friday the 29th of February 1684, at a village called Heisagger.... in South Jutland* (*Philosoph. Transact.* June 1684).

[5] Gall, *Anatomie et physiologie du système nerveux en général et du cerveau en particulier*. Paris, 1818, in-fol., t. III, p. 29, et pl. XVIII, fig. 3. — Elle portait le n° 13 de la planche XIV, dans l'édition de 1810.

Tout ce qu'en a dit Geoffroy est fort exact, mais insuffisant à certains égards : le texte de l'illustre maître ne renferme notamment presque aucune indication numérique. Il n'est cependant pas inutile, par exemple, de savoir que l'orifice où passe le pédicule, rattachant la portion du cerveau restée en place à celle qui s'est épanouie au dehors, atteint 34 millimètres d'un pariétal à l'autre et 23 millimètres de l'occipital au frontal.

Je n'ai pas l'intention de reprendre par le menu toute cette description : il me suffira, dans l'intérêt des comparaisons que j'aurai à instituer un peu plus loin, de reproduire les détails relatifs à la voûte crânienne et à sa perforation.

Je rappellerai tout d'abord que les deux frontaux, encore distincts, sont très raccourcis (courbe fr. tot. 19 millimètres) et surbaissés à un tel point, que la selle turcique déborde quelque peu au-dessus et en arrière de leur bord coronal. Les pariétaux, réduits à deux lames minces (longueur 30 millimètres, largeur 22 millimètres), irrégulièrement quadrangulaires, laissent entre eux l'intervalle considérable dont je viens de donner la mesure. L'occipital, enfin, où l'écaille supérieure n'est plus représentée que par un bord épais, replié en arc de cercle derrière le pédicule de la tumeur cérébrale, couvre l'orifice anormal, en laissant un vide de 8 millimètres entre la face interne de son écaille et la portion basilaire. C'est par là que le cervelet et le bulbe, demeurés entièrement en place, communiquaient avec les lobes cérébraux, pendant que les deux lacunes symétriquement ouvertes des deux côtés de la selle turcique laissaient passer deux prolongements, épais d'un peu moins d'un centimètre et larges de 17 à 18 millimètres, qui s'étalaient sous les pariétaux et les frontaux.

La podencéphalie est ainsi bien caractérisée, et comme l'ouverture anormale correspond à *toute l'étendue des sutures sagittales* des pariétaux, je propose de désigner cette première variété sous le nom de *podencéphalie sagittale* [2].

---

[1] *Philosophie anatomique*, t. II. p. 451-452.

[2] La collection d'anatomie comparée du Muséum possède un autre crâne de podencéphale sagittal qui ne différerait de celui de Gall que par ses dimensions un peu réduites, s'il n'était pas en même temps atteint de fissure palatine complète, avec gueule de loup. Le crâne de ce deuxième sujet mesure de la racine du nez à la nuque 48 millimètres, comme celui de Gall ; mais il n'atteint d'un temporal à l'autre que 58 millimètres, tandis que celui de Gall en atteignait 70. L'orifice exencéphalique est plus arrondi : il a 22 millimètres d'avant en arrière et 27 millimètres en travers. On peut voir un troisième exemple de cette variété dans la remarquable collection du Musée Dupuytren (*Térat.* n° 73). C'est une pièce, malheureusement mutilée, qui vient de Blandin. L'orifice exencéphalique a 24 sur 32 millimètres ; les pariétaux y sont surtout réduits, de façon à n'être plus que des lamelles antéro-postérieures irrégulières, de 3 millimètres de largeur et de 15 millimètres de longueur environ.

Le sujet de Serres, figuré et décrit par Étienne Geoffroy [1], diffère sensiblement du précédent. Le crâne est moins affaissé, la loge qui contenait les portions d'encéphale non déplacées est plus vaste, et l'orifice que traverse le pédicule qui supporte la tumeur exencéphalienne est de dimensions moindres.

Les écailles frontales mesurent près de 3 centimètres de la racine du nez au bregma, et les pariétaux entourent complètement l'orifice, qui ne dépasse guère 2 centimètres en largeur et 27 millimètres en longueur. Seulement il se présente ici une anomalie d'ossification extrêmement rare : le pariétal est formé de deux pièces osseuses et comprend, outre la lamelle quadrilatère analogue à celle du podencéphale de Gall, une autre petite lame attachée au frontal tout le long de sa suture coronale, et qu'Étienne Geoffroy-Saint Hilaire considérait comme un *interpariétal*.

Le pédicule caractéristique du podencéphale s'élevant ainsi dans la suture sagittale dilatée, en avant du point singulier nommé *obélion* par Broca, je propose de désigner cette seconde variété anatomique par le nom de *podencéphalie obéliale*.

Je réserve les noms de *lambdatique* et d'*épactale* pour deux variétés inédites que je vais maintenant décrire : je distinguerai, en terminant, comme *iniaque* une dernière forme, dont Malherbe, de Nantes, a méconnu la véritable place, en la classant parmi les cas de *notencéphalie* [2].

La *podencéphalie lambdatique* est caractérisée par un orifice correspondant au siège de la fontanelle postérieure (fig. 1). Le cerveau fait hernie par un trou à peu près circulaire, ouvert dans l'angle lambdatique des deux pariétaux. Une partie relativement moins importante de l'encéphale sort à travers cet orifice, et le crâne, un peu aplati seulement de haut en bas et d'avant en arrière, a une forme à peu près ovale.

J'ai observé deux exemples de cette variété de podencéphalie. Le premier (fig. 1) fait partie de la collection tératologique que j'ai offerte au Muséum. Le crâne mesure 77 centimètres de long, 50 de large et 54 de haut. La perforation à peu près circulaire (18 millim. sur 20) est ouverte dans les angles postérieurs et supérieurs des pariétaux et n'intéresse à aucun degré l'occipital.

Le second, que l'on peut étudier dans la collection de Breschet au Musée Dupuytren (*Térat.* n° 71), est, comme le précédent, un crâne d'enfant à terme, long de 83 millimètres, large de 70 millimètres, et son diamètre basilo-bregmatique est sensiblement moindre (40 millim.). La perforation ovoïde, à peu près régulière (81 millim. de long sur 26 millim. de large),

[1] Cf. *Mém. du Muséum*, t. VII, p. 97, et pl. IV, fig. 1 et 2, et *Philosoph. anatomiq.*, t. II, p. 453-454, et pl. XII, fig. 1 et 2.

[2] Malherbe, *Observation de notencéphalie* (*Journ. de la Section médicale de Soc. académique*, t. XVI, p. [illegible] 83.)

est ouverte *au milieu du lambda* et empiète, cette fois, à peu près également d'une part sur l'occipital et de l'autre sur les pariétaux normalement articulés en avant de cette ouverture, sur une longueur de 24 millimètres.

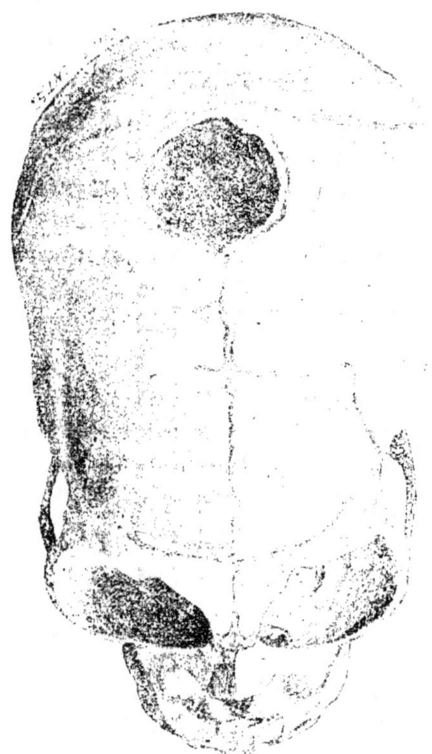

Fig. 1. — Podencéphalie lambdatique.

Le crâne qui représente, dans ma classification, la *podencéphalie épactale* (fig. 2) et qui m'a été donné jadis par feu Giraldès, est à la fois plus triangulaire et plus déprimé, et ses trois diamètres sont 69, 73 et 45. L'ouverture, par laquelle une petite partie des hémisphères avait fait issue au dehors, est ovale en travers et mesure 30 millimètres de largeur et 18 millimètres de hauteur. C'est aux dépens de l'épactal qu'elle s'est produite cette fois ; la moitié droite de cette portion de l'écaille occipitale a presque entièrement disparu.

La *podencéphalie iniaque* a son siège un peu plus bas. Il y a juste la même différence entre cette variété et l'épactale qu'entre la variété obéliale et la sagittale. L'orifice par lequel l'encéphale s'est en partie échappé de la cavité crânienne est ouvert *au centre de l'écaille occipitale*, au niveau de l'*inion*, et un cercle osseux, formé des diverses pièces qui composent normalement l'écaille, parfaitement soudées d'ailleurs, encadre le pédicule cérébral. L'ouverture, de forme ovale, atteint 21 millimètres dans son diamètre vertical et 14 millimètres transversalement ; elle est bordée par un épaississement en forme de bourrelet.

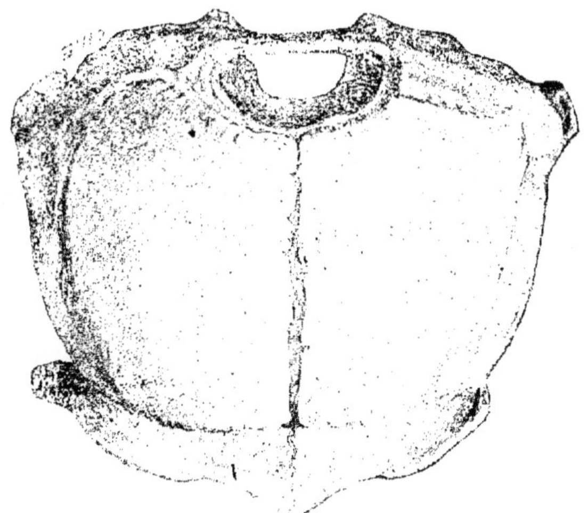

Fig. 2. — Podencéphalie épactale.

La cavité crânienne n'offre guère, dit Malherbe, que le sixième de la capacité normale. Les fosses antérieures et moyennes de la base sont beaucoup plus rétrécies que les postérieures. La cavité est aplatie, comme chez les sujets précédents, et la face est fort oblique[1].

J'ai déjà dit que Malherbe avait classé à tort la tête ainsi décrite au chapitre de la *notencéphalie*. Il reconnaissait pourtant que, chez le sujet de Geoffroy-Saint Hilaire, type du véritable *podencéphale*, l'écaille occipitale ne forme qu'un arc de cercle plus ou moins étendu au-dessus de la tumeur, « le reste de la circonférence étant constitué par l'arc postérieur de l'atlas ».

Dans l'observation de Malherbe, comme dans toutes celles qui précèdent, il y a une hernie cérébrale, il y a un pédicule reliant la partie herniée au reste de l'encéphale ; il y a donc *podencéphalie*, et comme l'orifice de sortie

---

[1] La colonne vertébrale est normalement conformée, sauf une tumeur de la grosseur d'une aveline sortie de sa coque, que l'on voit faire saillie au-dessous de la septième cervicale.

correspond, cette fois, à l'inion des anthropologistes, je propose de distinguer cette cinquième et dernière variété sous le nom de *podencéphalie iniaque*.

En résumé, la hernie exencéphalique pédiculée peut se localiser de *cinq* manières différentes : ou bien, en effet, elle se produit aux dépens de la suture sagittale tout entière (*p. sagittale*) ou seulement d'une partie de cette suture, limitée en avant par l'obélion (*p. obéliale*), ou bien elle est localisée dans l'angle supérieur et postérieur (*p. lambdatique*).

La hernie peut encore se produire aux dépens de l'occipital, soit de la partie supérieure de l'écaille de cet os (*p. épactale*), soit de son centre (*p. iniaque*).

Ces dernières variétés appartiennent d'ailleurs à une période plus avancée de l'évolution intra-utérine, et l'exencéphalie, se manifestant plus tard, ne produit plus de troubles aussi profonds dans le développement général du squelette crânio-facial.

CONTRIBUTION À L'ANATOMIE DES TRIOCÉPHALES,
PAR M. E.-T. HAMY.

Extrait du *Bulletin du Muséum d'histoire naturelle.* — 1900, n° 2, p. 69.

En créant le mot *Triencéphale*[1], transformé plus tard en *Triocéphale*[2], Étienne Geoffroy-Saint Hilaire se proposait de définir un genre de monstruosité *céphalique*, caractérisé plus particulièrement «par la privation de *trois* des organes des sens; des organes du goût, de la vue et de l'odorat». Ce terme répond mal à son objet; il est d'ailleurs incorrect et obscur dans son extrême concision; mais comme l'usage en est ancien déjà et consacré par des œuvres importantes, comme j'aurais d'ailleurs quelque peine à le remplacer par un autre qui rentrât dans une nomenclature désormais classique, je l'emploierai comme on l'a fait jusqu'à présent; mais en observant, au préalable, que deux des *trois* appareils céphaliques que les Geoffroy supposaient *manquer à la fois* dans ce genre de monstres sont cependant représentés par des vestiges bien apparents que décèle une minutieuse autopsie.

Fig. 1.
Chat triocéphale, à terme.
(Grandeur naturelle.)

Fig. 2.
Les deux os tympanaux soudés
(fac. ant. et post.).
(Grandeur naturelle.)

Les yeux font complètement défaut, il est vrai, et Isidore Geffroy a bien saisi la valeur de cette disparition, dont il tire un caractère prépondérant pour sa classification[3]. Mais il reste quelque chose des fosses nasales et de la bouche, ainsi qu'on va le constater dans un instant.

[1] Geoffroy-Saint Hilaire. *Philosoph. Anatom.*, t. II, p. 97.
[2] Isid. Geoffroy-Saint Hilaire. *Hist. gén. et particul. des anomalies de l'organisation chez l'homme et les animaux.* Paris 1836, in-8°, t. II, p. 430, n. 1.
[3] Id., *ibid.*, t. II, p. 422.

Le Triocéphale, que j'ai attentivement disséqué, était un jeune Chat, mâle, à terme. La mère avait mis bas pendant la nuit et l'on avait trouvé mort le petit monstre au milieu d'une portée de jeunes bien conformés et bien portants.

La tête, fort réduite (fig. 1), ne dépassait guère 3 centimètres au delà du sternum ; on n'y voyait aucune apparence de face, mais, à 6 ou 7 millimètres du sommet du crâne, une petite fente ovale en travers simulait une espèce de bouche, bordée en bas par une lèvre convexe, reliant deux petits bourrelets godronnés qui montaient verticalement et s'étalaient en une paire d'oreilles de 15 millimètres de hauteur.

L'orifice, qui simulait une bouche, était imperforé, et, en l'examinant de plus près, je reconnus que ce n'était qu'un pli superficiel transversalement étendu entre deux très petites cavités arrondies, correspondant aux trous auditifs des deux oreilles qui se dressaient tout à côté. Je ne tardai pas à mettre à nu deux cercles tympanaux fusionnés (fig. 2) représentant le squelette de l'appareil auditif[1]. L'ossicule ainsi formé apparaissait sous l'aspect d'un petit fer à cheval, large de 1 centimètre, haut de 9 millimètres. On aurait pu le prendre tout d'abord pour une mandibule avortée[2] ; mais l'absence complète de tout organe dentaire vient bien vite détromper l'observateur ; la nature et la forme du petit os appointi vers ses extrémités et un peu renflé vers le centre, les détails de sa face postérieure taillée en biseau vers son bord interne, relevée vers son axe en une sorte de crochet épaissi, démontrent qu'il s'agit bien de deux cercles tympanaux symétriquement accostés dans leur moitié interne et très solidement soudés l'un à l'autre.

Une incision verticale, pratiquée droit au-dessous de ce double tympanal, tombe dans une poche dont l'extrémité supérieure, dilatée en forme de poire, n'est séparée que par une mince cloison[3] du pli interauriculaire décrit ci-dessus. Tout en haut de cette cavité se dessine une crête mousse qui sépare deux petites dépressions de 2 millimètres de profondeur ; c'est le rudiment des fosses nasales, demeurées avec leur *septum* dans l'état où on les rencontre au début de l'évolution des cavités de la face.

En avant de la poche, et toujours en haut, apparaît une petite masse de 8 millimètres de haut, de forme molle et indécise, que l'examen microsco-

---

[1] Dans le Chat nouveau-né, (la caisse) paraît ne consister que dans le cercle du tympan ou os tympanal. (GEOFFROY-SAINT HILAIRE, *Mém. du Mus.*, t. VII, p. 164.)

[2] E.-L. Schubarth s'y est trompé dans l'étude sur trois sujets monstrueux analogues à celui-ci qui forme la première partie de sa thèse. (*De maxillæ inferioris monstrosa parvitate et defectu.* Commentatio anatomo-pathologica, auctore Ern.-Lud. Schubarth. Francofurthi, a. V. 1819, in-4°, p. 8, 14, 17, tab. II, fig. II-VI.)

[3] On connaît un certain nombre de cas dans lesquels la fissure fait communiquer la cavité avec l'extérieur et permet au sujet de respirer quelque peu après la naissance, ce que n'a pas pu faire le sujet dont il est question.

pique montre n'être autre chose que la langue, avec les papilles très développées comme elles sont chez les Chats, et les intrications de fibres musculaires propres à cet organe. Immédiatement au-dessous de la base de cette langue rudimentaire se voit un hyoïde un peu atrophié, puis le larynx bien conformé suivi de la trachée-artère. L'œsophage débouche en arrière à sa place; les ganglions cervicaux, le pneumo-gastrique n'offrent rien de particulier. Le cœur est volumineux, les poumons se trouvent naturellement affaissés; les veines jugulaires engorgées sont très apparentes, et deux gros renflements glanduleux, tout injectés de sang, se montrent un peu au-dessus et en dehors de la base des oreilles.

Je ne pousserai pas plus loin cette analyse; j'insisterai seulement, en terminant, sur l'*intensité croissante des phénomènes tératologiques* qui se manifestent dans les appareils sensoriaux *de bas en haut*, ou, si l'on préfère, *d'arrière en avant*. L'organe auditif est représenté par deux oreilles externes complètes et deux os tympanaux soudés vers leur milieu. A l'appareil gustatif correspond une petite langue où l'on voit encore des muscles et des papilles. Mais l'appareil olfactif n'est plus qu'un vestige; quant à l'appareil visuel, il a complètement disparu.

# DE L'HÉMI-PROENCÉPHALIE.

## PAR M. E.-T. HAMY.



Extrait du *Bulletin du Muséum d'histoire naturelle.* — 1900, n° 3, p. 120.

Dans une courte note présentée à la Réunion des naturalistes du Muséum, au mois de décembre dernier[1], j'ai décrit un cas de proencéphalie que je qualifierais volontiers de *classique.*

Les frontaux, dont l'écaille n'est plus représentée que par deux lamelles rabattues en avant en une courte visière, s'étalent en une sorte de large plate-forme, qui supporte en partie les deux hémisphères cérébraux déplacés. Il ne reste de bien apparent, de ces deux pièces osseuses, que ce qui correspond aux apophyses internes et externes et à la voûte un peu surbaissée qui les relie. La lésion est presque symétrique, puisque la moitié gauche est seulement un peu plus déprimée que la droite, et l'on ne constate aucune autre déformation notable de la face qu'un peu d'affaissement de la racine du nez et un certain degré d'écartement des yeux.

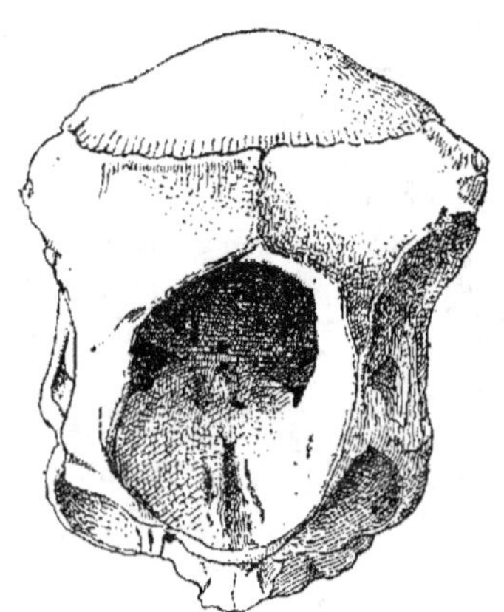

Crâne d'hémi-proencéphale, vu d'en haut.
(2/3 grandeur.)

Telle est la *proencéphalie vraie*, parfois compliquée de quelques altérations secondaires des traits du visage, parfois aussi plus circonscrite et

[1] E.-T. HAMY, *Note sur un crâne de proencéphale* (*Bull. du Muséum d'hist. nat.*, 1889, n° 8, p. 423-426).

pouvant même, comme je viens de le constater sur une pièce du Musée Dupuytren (*Tératolog.*, n° 49), se limiter à l'un des deux frontaux, en respectant à peu près l'autre. La proencéphalie se réduit alors à n'être plus qu'une proencéphalie unilatérale, une *hémi-proencéphalie* dont il ne sera pas sans intérêt de rapprocher la description de celle qu'on a pu déjà lire ici-même.

La tête du sujet en question est, à première vue, sensiblement réduite dans toutes ses mesures. L'orifice de sortie du cerveau, de forme ovalaire, large de 31 millimètres, long de 40 environ, est découpé dans l'écaille gauche, suivant un plan oblique à gauche, en avant et en bas, si bien que cette partie osseuse n'est plus représentée, à vrai dire, que par sa base. Le pariétal, du même côté, est réduit à une lame falciforme, qui ne dépasse pas 14 millimètres.

Par contre, le frontal droit est demeuré entier, mais il est tout à la fois un peu rétréci et tiré en haut et en dedans, tandis que le pariétal correspondant, de forme quadrilatère, est sensiblement excavé. L'occipital se redresse en éperon, comme chez le proencéphale vrai, et la région cérébelleuse est obliquement aplatie.

La face est asymétrique; l'orbite droit qui a suivi le mouvement du frontal du même côté est devenu tout à fait circulaire, tandis que le gauche est resté de forme normale. Les diamètres du premier sont égaux ($20 \times 20$); le second ($18 \times 22$) ne s'écarte pas des moyennes données par Broca[1].

La face tout entière est d'ailleurs un peu tordue sur son axe, et la mandibule est sensiblement déviée à gauche.

A ces détails près, d'importance secondaire, l'hémi-proencéphale que la figure ci-contre représente vu d'en haut est, en somme, une sorte de podencéphale antérieur, un podencéphale frontal, intermédiaire entre les deux genres podencéphale et proencéphale d'Isidore Geoffroy-Saint-Hilaire.

[1] Cf. P. Broca, *Recherches sur l'indice orbitaire* (*Rev. d'anthrop.*, t. IV, p. 589, 1875).

*LE JARDIN DE RENÉ MORIN*,

PAR M. E.-T. HAMY.

---

Extrait du *Bulletin du Muséum d'histoire naturelle.* — 1900, n° 3, p. 129.

---

J'ai déjà dit, en rappelant ici même le peu que l'on sait de Pierre Morin qui fut, en son temps, le premier fleuriste de Paris[1], que l'un de ses frères, René Morin, exerçait la même profession dans la capitale et lui a laissé son établissement à sa mort.

Ce René Morin, le deuxième des fils de Pierre «en son vivant marchand, demeurant à Paris», et de Marye Cousture, figurait, en 1619, au contrat de mariage de son frère cadet Pierre, troisième du nom, avec Françoise de le Brosse, cousine du fondateur du Jardin Royal. Il en était question, une seconde fois, dans l'*Advis aux Curieux* imprimé à la fin des *Remarques nécessaires pour la culture des fleurs* (1658).

«Outre les plantes cy-devant descrites, i'en ay encore d'autres très rares, écrivait Pierre Morin, dont ie n'ay eu le temps d'en faire des listes particulières; d'autant que ie n'en possède la plus grande partie que depuis peu, par le deceds de René Morin, mon frère, homme qui pendant sa vie a esté aussi curieux qu'autre de l'Europe. J'ay iugé à propos d'en faire icy vn advertissement en gros pour la satisfaction de ceux qui sont amateurs de choses rares.»

Et il énumérait «plusieurs simples rares et curieux : beaucoup de Plantes Boiseuses et Ligneuses; quantité de Fibreuses; force Ligamenteuses, et abondances de Bulbeuses, Tuberculeuses et Genoüilleuses, entre lesquelles il y a de belles Iacintes, Colchiques, Ionquilles, Narcisses, Lys-Narcisses des Indes de plusieurs espèces, Autres Plantes des Indes, Couronnes Impériales à grandes fleurs, à plusieurs étages, à fleurs doubles, à fleur iaune et à fueille rayée, ou de la Chine; surtout une grande quantité de Tulipes de la Chine, c'est-à-dire à fueille rayée, entre lesquelles il y en a d'aussi belles, bien panachées de couleurs aussi rares et fantasques que des panachées ordinaires».

---

[1] Cf. E.-T. Hamy. *Le fleuriste Pierre Morin le jeune, dit Troisième* (*Bull. du Muséum*, 1897, p. 186-190. — Son père et son frère aîné avaient, avant lui, porté ce prénom de Pierre.

La liste continue par des «excellentes Anémones à large fueille, et diversité de celles qu'on nomme hermafrodites, les Muscaris nouveaux de différentes couleurs des Anciens et quelques-uns de la Chine ou à fueille bordée». Puis ce sont des «Cyclamens de Veronne rares, de Levant, du Mont Lyban, de Seyo, de Corfou, de Perse, d'Antioche, à fleur simple et double.

«Hugueteau de différentes couleurs, d'un assortiment desquels on peut avoir des fleurs toute l'année; Oreilles d'Ours de toutes couleurs; enfin nombre de Capilaires, très beaux et rares, dont la plupart ne portent pas de fleurs, néantmoins l'on en peut faire estat, tant à cause de leurs facultés médicinales que pour leur verdure, qui est la plus belle, nette et agréable qu'on puisse voir et qui avec cela dure tout le long de l'année. Ils se conservent facilement dans les jardins sans aucune culture, pourveu qu'on les plante en lieu frais, ou autre part à l'ombre de quelque muraille et que le soleil n'échauffe guère.»

Presque toutes ces collections, mises en vente par Pierre Morin en 1658, venaient de René, qui pendant près de quarante ans avait assemblé dans ses plates-bandes les fleurs les plus recherchées. Ce jardin remontait, en effet, au delà de 1621; notre regretté collaborateur, Adrien Franchet, en avait récemment retrouvé le catalogue imprimé à Paris cette année même en une petite brochure in-12 de 26 pages [1]. Ce petit livre rarissime est intitulé «CATALOGUS PLANTARUM HORTI RENATI MORINI inscriptarum ordine alphabetico, cum quatuor anni temporibus quibus florent. Quae Vere florent notantur literis *ve*, quae aestate *æ*, quae autumno *au*, quae hyeme *hy*. MDCXXI [2].» Le jardin de René Morin comprenait dès lors (trente-sept ans avant la rédaction de l'*Avis* qu'on vient de lire) au moins 365 espèces ou variétés d'Aconits, Aloès, Amaranthes, Anémones, Antirrhines, etc., etc.

Comme toutes les collections de plantes du même temps, celle de René Morin abondait surtout en espèces bulbeuses; on n'y comptait pas moins de 44 tulipes, la Bracquelière et la Duchesse, la Cornhaert et la Brabançonne, la Jean Sims et la Carmesine Vangeury, les Draps-d'Or et les Draps-d'Argent, Coucquebaker, Ravenot, Dochmans, Castellenaert, dont les noms trahissent les origines. Puis, c'étaient des Iris (20), des Jacinthes (12), des Narcisses (12), des Lys (8), des Colchiques (8). Les Anémones, les Renoncules de Tripoli étaient aussi relativement abondantes.

Les plantes d'origine étrangère entraient pour une large part dans la collection totale; elles venaient surtout du Levant, de l'Italie et de l'Espagne. L'ensemble témoignait d'une *curiosité* vraiment féconde...

Il serait très intéressant de comparer cet inventaire oublié avec l'*Enchiridion* des Robin, presque contemporain (1623); ce rapprochement des

---

[1] Probablement elle en avait 28, car le bas de la 26ᵉ page de ce catalogue *alphabétique* est encore occupé par les *Tulipes serotines*.

[2] Sans localité.

deux listes de plantes permettrait de faire honnêtement à René Morin la
petite place à laquelle il semble avoir droit dans l'histoire des progrès de
l'horticulture. C'est une besogne à laquelle je me permets de convier
quelque ami de l'histoire des plantes: il voudra bien se rappeler, d'ailleurs,
que ce bon *fleuriste* oublié a été l'un des collaborateurs de l'*Hortus* de Lenis
Jonequet [1].

[1] Cf. *Bull. du Muséum*, 1897, p. 190.

DE L'OSTÉOGÉNIE DU FRONTAL CHEZ L'HOMME
À PROPOS D'UNE DOUBLE ANOMALIE D'OSSIFICATION DE CET OS,
OBSERVÉE CHEZ UN MONSTRE NOTENCÉPHALE,

PAR M. LE PROFESSEUR E.-T. HAMY.

Extrait du *Bulletin du Muséum d'histoire naturelle*. — 1900, n° 4, p. 194.

Plusieurs traités modernes d'ostéologie humaine continuent à enseigner que le frontal se développe par deux points d'ossification symétriques, qui se montrent vers la fin du deuxième mois de la vie intra-utérine, un peu au-dessus des arcades orbitaires, et rayonnent à la fois vers l'écaille et vers la base [1].

Cependant l'évolution de cette portion de la voûte crânienne n'est pas aussi simple que ces textes le donneraient à croire. En effet, les ostéogénistes, depuis Serres jusqu'à Rambaud et Ch. Renault, ont démontré qu'à côté de ces points *primitifs*, vus depuis longtemps par Fallope, apparaissent assez vite, vers la base de l'os, d'autres points *secondaires*.

I

L'un de ces points, le plus volumineux, se voit, vers le soixante-quinzième jour, au niveau de chacune des apophyses orbitaires externes; un autre, moins important, surgit, en même temps, en dedans et en arrière de l'apophyse interne, au-dessus du crochet du muscle grand oblique de l'œil.

Le point *orbitaire interne*, moins étendu, se soude et disparaît beaucoup plus vite que l'externe; j'ai vu parfois, chez des fœtus de 4 à 5 mois, coupant à peu près en travers l'apophyse correspondante, un léger sillon, dernier vestige d'une suture qui va disparaître; mais il ne m'est jamais échu de discerner les contours exacts de cet ossicule sur des sujets plus jeunes. Tel qu'il m'est apparu, notamment, sur un fœtus de 4 mois, le petit os était une lamelle ongulée de deux millimètres de hauteur.

Le point *orbitaire externe* est beaucoup plus longtemps visible que l'interne, et j'en avais déjà suivi l'évolution, dans les conférences d'ostéologie

[1] Voyez, par exemple, les éditions les plus récentes des livres classiques de **Cruveilhier et de Sappey. — Béclard**, dans son célèbre mémoire sur l'*Ostéose*, n'avait aussi parlé que de deux points osseux du frontal.

que je donnais au laboratoire d'anthropologie du Muséum, il y a plus de vingt-cinq ans. Les pièces, que j'avais déposées alors dans nos collections et qui figurent aujourd'hui dans une des salles de la nouvelle galerie, montrent cette lame osseuse, constituant au moins une notable partie de l'apophyse orbitaire interne, *superposée aux rayons osseux émanés du centre primitif*, mais ne prenant aucune part à la formation de la face cérébrale de l'os. Sur un petit frontal droit de cinq mois environ, on distingue parfaitement, d'une part, à la face externe de l'os, d'autre part, dans l'épaisseur de son bord pariétal, deux sillons convergeant en arrière, en dehors et en haut, et qui limitent nettement une sorte de pyramide triangulaire, dont les dimensions verticales atteignent 8 à 9 millimètres et dont la largeur mesure 3 millimètres vers le bord.

On retrouve cette même épiphyse sur d'autres frontaux plus âgés de ma collection. Trois fœtus de 6 mois, par exemple, montrent encore la suture de l'ossicule avec le reste de l'écaille, demeurée bien visible sur une longueur de près de 2 centimètres, tandis que, sur deux de ces sujets, le bord postérieur est profondément sillonné dans son épaisseur. Huit fœtus de 7 à 9 mois, choisis à dessein dans un bon nombre d'autres, ont conservé plus ou moins marqués cette *suture* et ce *sillon* [1], et l'on peut suivre, sur l'ensemble de ces douze pièces, l'évolution d'un petit canal osseux qui peut atteindre 12 millimètres de long et dépasse parfois 1 millimètre de large et dont cependant je ne trouve aucune mention chez les anatomistes. Ce canal, qui loge sans doute quelque rameau antérieur de la branche frontale de la carotide externe (je n'ai pas encore pu m'en assurer), sépare nettement, au moment de la naissance, la base de l'apophyse orbitaire de la surface triangulaire qui s'articule avec le sphénoïde.


## II

Que des influences pathologiques graves, telles qu'une exencéphalie plus ou moins complète, par exemple, viennent troubler l'évolution ostéogénique de la voûte crânienne, le développement du frontal, en particulier, pourra être plus ou moins profondément modifié. Il arrivera notamment que les points primitifs évoluent avec plus de lenteur, et que leurs rayons osseux soient à la fois plus rares et plus courts.

Alors les points secondaires élargiront leur champ d'activité et suppléeront, dans une certaine mesure, à l'insuffisance des points primitifs. Marchant à la rencontre les uns des autres, ils se rejoindront dans les

[1] M. R. Virchow (*Über den Schädel des jungen Gorilla* [*Monatsberichte der Königl. Preussich. Akad. der Wissenschaften zu Berlin*, 1880, taf. II] et M. J. Deniker (*Recherches anatomiques sur les Singes anthropoïdes*. Th. Paris. 1886, p. 39) ont vu chez le Gorille et le Chimpanzé cette même suture fronto-orbitaire que je viens d'étudier chez l'homme.

voûtes des orbites, et le placage osseux qu'ils constituent normalement
pourra remonter plus ou moins au-dessus des arcades, de façon à repor-
ter sensiblement en haut la limite apparente des pièces frontales et
orbitaires.

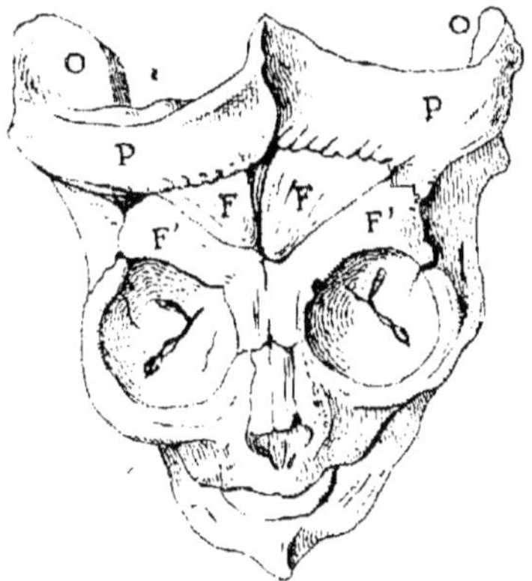


Notencéphale vu d'en haut, grandeur naturelle.
FF. F'F'. os frontaux doubles.

C'est ce qui s'est passé chez le sujet monstrueux, dont j'ai dessiné ci-
contre la tête osseuse de grandeur naturelle. Atteint, à une époque peu
avancée de son développement osseux, d'une *notencéphalie* aussi complète
que possible, il a vu les deux moitiés de son écaille occipitale (OO) se
réduire à deux petites appliques triangulaires, rejetées en dehors, en arrière et en bas : ses pariétaux se sont transformés en deux lames falciformes
inégales ; ses frontaux, enfin, sont réduits à une plaquette triangulaire,
où l'on distingue, au premier coup d'œil, quatre pièces osseuses, à peu
près symétriques, disposées par paires, et où l'on retrouve d'une part
(FF) une écaille rudimentaire, refoulée en haut et vers le milieu, et de
l'autre (F'F'), les pièces orbitaires soudées deux par deux et occupant toute
la base de l'os. Les deux écailles frontales triangulaires, mesurant 8 millimètres sur 9, interceptent un reste de fontanelle qui atteint près de
5 millimètres en son point le plus dilaté. Une suture, grossièrement den-
telée, unit ces frontaux aux pariétaux.

Les pièces basilaires contournent les orbites, qu'elles cernent d'un re-
bord de 3 millimètres au moins.

Le tissu osseux est rugueux et comme chagriné ; les sillons et les tra-
bécules exagèrent leur aspect habituel, et l'ensemble manifeste d'évidentes
perturbations ostéogéniques.

IMPRIMERIE NATIONALE. — Mai 1900.

Extrait du *Bulletin du Muséum d'histoire naturelle*. — 1900, n° 5, p. 245.

C'est à Bertin qu'on attribue la découverte de l'os *wormien fontanellaire bregmatique*, et l'on donne assez habituellement à cette pièce osseuse le nom du célèbre ostéologiste [1].

«J'ai quelquefois, disait Bertin dans son chapitre intitulé : *Des clefs ou os surnuméraires du crâne* [2], j'ai quelquefois observé à l'endroit de la fontanelle un grand os surnuméraire, de figure carrée, qui s'articulait avec l'os frontal et avec les pariétaux.»

Cet os surnuméraire n'est pas bien fréquent. M. Chambellan, auteur d'une thèse sur les os wormiens, passée devant la Faculté de médecine [3], en a poursuivi la recherche sur 198 crânes de Parisiens, et ne l'a rencontré que deux fois, ce qui donne à peu près le rapport 1/100. Une fois, l'ossicule était ovale [4]; une autre fois, il était quadrangulaire et se rapprochait, par conséquent, de celui dont il est question chez Bertin.

Dans les deux observations de M. Chambellan, les os étaient uniques et presque de même grandeur; ils mesuraient, en effet, «deux centimètres environ dans leur plus grand diamètre, qui était transversal» [5].

Depuis quarante ans que j'ai commencé à m'occuper d'anatomie humaine, j'ai souvent rencontré des faits analogues à ceux que je viens de rappeler. Mais je n'ai noté que les plus caractéristiques et je n'ai voulu mettre en place, dans la salle anatomique de notre nouvelle galerie, que des pièces véritablement exceptionnelles.

Mes observations sont au nombre de quatre. La première porte sur une tête masculine (Anc. coll. XI, 588) qui ne diffère que par des dimensions un peu plus considérables de l'une de celles de M. Chambellan. L'os fontanel-

---

[1] Cf. Testut, *Traité d'Anatomie humaine*, 2ᵉ éd., t. I, p. 138, 1893. — Etc.

[2] Bertin, *Traité d'Ostéologie*, Paris, 1783, in-12, t. II, p. 371.

[3] V. Chambellan, *Étude anatomique et anthropologique sur les os wormiens*, Paris, 1883, in-8°, p. 41.

[4] C'est celui que M. Chambellan représente dans sa figure 11.

[5] V. Chambellan, *op. cit.*, p. 42.

laire, intercalé entre les deux pariétaux et les deux frontaux demeurés distincts, est de forme trapézoïde : sa largeur, qui ne dépasse pas 12 millimètres en avant, atteint 27 millimètres en arrière; ses dimensions antéro-postérieures sont également de 27 millimètres.

Un autre wormien fait assez exactement pendant à celui-ci dans la fontanelle lambdatique; il est subtriangulaire à base antérieure, et mesure 27 millimètres dans les deux sens.

La seconde de mes pièces, un crâne de Néo-Hébridais de Mallicolo, avec la déformation caractéristique (Coll Cailliot, n° 146, n° 9315 de l'Inv. Gén.), montre, sur l'emplacement de la fontanelle antérieure et supérieure, un os de Bertin, quadrilatère, aux angles arrondis, rétréci quelque peu en son milieu et qui mesure 30 millimètres de long et 27 millimètres de large.

La troisième et la quatrième pièce de la collection sont bien autrement curieuses. L'une, composée d'un frontal, d'un os de Bertin et du pariétal gauche d'un homme adulte, formait deux numéros du cabinet de Gall; le frontal avait le n° 305, le pariétal, le n° 351 du catalogue spécial de cette célèbre collection [1].

L'os de Bertin prend sur cette voûte des proportions tout à fait inusitées. Lozangique, finement denticulée sur ses quatre bords, surtout sur ses bords postérieurs, cette pièce osseuse atteint 62 millimètres de longueur et 64 de largeur! Les sillons artériels, la gouttière longitudinale se prolongent sur sa face interne, qui est creusée, par places, de cavités correspondant à de grosses granulations de Pacchioni.

Il me reste à dire quelques mots d'un dernier crâne, inédit comme les trois autres, et où se voit un os de Bertin à peu près circulaire, *qui atteint* 93 MILLIMÈTRES *d'avant en arrière et dépasse* 101 MILLIMÈTRES *en travers!!* [2]

Cet os, relativement énorme, est bombé comme un verre de montre,

---

[1] C'était donc une de ces pièces disloquées, que Flourens (*Examen de la Phrénologie*, 3ᵉ édit., Paris, Hachette, 1851, in-8°, p. 159-160), puis Emm. Rousseau et H. Jacquart (*Notes sur trois pièces de la Collection phrénologique du docteur Gall, acquises par le Muséum d'Histoire naturelle de Paris*). — Mélanges d'anatomie et de pathologie comparées, Paris, *Gazette médicale*, 1858, grand in-8°, p. 28-31), ont signalées déjà dans la collection de Gall.

Le n° 305 porte au catalogue cette explication : Pièce pathologique. Os frontal d'un hydrocéphale âgé de 9 ans ! Il est remarquable par le grand développement d'un os wormien correspondant à l'endroit de la fontanelle.

Il est dit du n° 351 : Pièce pathologique. Os pariétal gauche, présentant des impressions digitales profondes, comme on les observe à la surface interne des os du crâne des individus morts de phtisie pulmonaire, ou dont les fonctions des organes de la respiration ont été longtemps gênées. Gall n'a conservé aucun renseignement sur l'individu de la tête duquel cette pièce provient. (*Catal. Ms.*, p. 149-160.)

[2] Je prends ces mesures au ruban, en suivant la courbure de l'os. Les mesures au compas seraient naturellement un peu plus courtes.

et contribue à donner à la tête qu'il surmonte, l'aspect d'une tête *oxy-céphale*[1]. Les bords sont finement denticulés et l'on y rencontre, en avant et à gauche, un petit wormien supplémentaire de 12 millimètres sur 9. Cette pièce extraordinaire porte le n° 3458 de notre inventaire ; elle a figuré sous le n° 24 dans la salle B III de l'ancien Cabinet d'anatomie comparée.

[1] M. Hanotte a négligé des comparaisons qui auraient eu certainement de l'intérêt entre cette pièce et les crânes synostotiques dont il s'occupait. (Cf. M. HANOTTE, *Anatomie pathologique de l'oxycéphalie.* Th. Paris, 1898, in-8°.) L'élévation et la voussure que je signale pourraient bien être, en effet, les suites d'une de ces dilatations compensatrices dont parle notre auteur.

# CONTRIBUTION À L'ANTHROPOLOGIE DE LA HAUTE-ALBANIE

## PAR M. E.-T. HAMY.

Extrait du *Bulletin du Muséum d'histoire naturelle.* — 1900, n° 6, p. 269.

## I

M. Degrand, actuellement consul de France à Philippopoli, était parvenu en 1898 à pratiquer une fouille dans une nécropole de l'Albanie, à l'est de Scutari où il résidait alors, et il rapportait un peu plus tard au Musée national de Saint-Germain les pièces qu'il y avait découvertes.

M. Salomon Reinach a signalé, au nombre des antiquités ainsi recueillies par M. Degrand, «une bague en argent, dont le chaton est orné d'une figure de Mercure qui permet d'affirmer que cette nécropole appartient à une époque voisine des premiers temps de l'Empire». Parmi les autres objets, continue M. Reinach [1], «il y en a beaucoup qui présentent un caractère tout particulier, constituant une série très curieuse qui se rattache à celles dont on est redevable à l'exploration des nécropoles de Bosnie». Et il ajoute en terminant que, comme l'Albanie est encore, au point de vue archéologique, complètement inexplorée, il convient de signaler, dès à présent, l'importance d'une collection recueillie ainsi au cœur d'une province demeurée jusqu'ici à peu près inaccessible à l'étude.

L'anthropologie albanaise est tout aussi peu avancée. A peine a-t-on, récemment, imprimé quelques renseignements sur la population actuelle du pays [2]. Les deux crânes, de date ancienne, de cette même nécropole

[1] *Compt. Rend., Acad. Inscript. et Belles-Lettres;* 1899, p. 10.

[2] C'est M. Virchow qui a donné, en décembre 1877, la première description d'un crâne d'Albanais. C'était celui d'un *bariaktar*, petit chef héréditaire, tué en combattant avec les Turcs contre les Monténégrins, et que M. Stillman, correspondant du *Times* près de l'armée monténégrine, avait envoyé de Cettinie à Berlin. (R. Virchow. *Zür Craniologie Illyriens. Monatsbericht der Königl. Akad. der Wissenschaft. zu Berlin*) [17 déc. 1877, s. 774-780]. Depuis lors, le D' Raphaël Zampa a décrit quatre crânes de montagnards de Scutari «de la race albanaise la plus pure» (ZAMPA. *Anthropologie Illyrienne.*) [*Rev. d'Anthrop.*, 3ᵉ sér., t. I, p. 630 et suiv. nov.-déc. 1886] et le D' Léopold Glück, premier médecin de l'hôpital

à l'est de Scutari, que M. Degrand veut bien nous offrir, viennent donc fort à propos, pour permettre aux anthropologistes de prendre un premier aperçu de la morphologie céphalique entièrement inconnue des Illyriens d'autrefois [1]. En voici une brève description.

## II

Ces deux crânes sont dans un état de conservation qui permet d'en faire une étude assez complète. Le premier, masculin, adulte, a gardé sa mandibule; le second, féminin, également adulte, est sans maxillaire inférieur.

L'ossature des deux pièces est plutôt délicate, la structure en est fine; les os sont minces et denses, les apophyses sèches et plutôt un peu grêles.

Les sinus frontaux de l'homme dessinent des arcades assez volumineuses qui se rejoignent en une glabelle relativement saillante. Les bosses frontales se détachent faiblement de chaque côté, bordées en dehors par des demi-canaux vasculaires, dont les sillons, dédoublés, sont assez profondément creusés à la surface de l'os.

Au-dessus des bosses, la courbe du front se développe harmonieusement, à peine un peu surbaissée en son milieu, et la loge frontale ainsi délimitée se fait remarquer à la fois par son amplitude en longueur (courbe frontale, o m. 13o) et sa dilatation (d. front. max., o m. 127). Les pariétaux montrent des bosses assez volumineuses, mal arrêtées dans leur contour et tournant assez rapidement en arrière, pour aboutir à un magnifique épactal [2], d'une parfaite symétrie, qui occupe toute la région au-dessus de la protubérance, dont le sépare nettement une articulation transverse élégamment denticulée. La base du crâne présente des attaches musculaires robustes, et tous les détails anatomiques s'y montrent fort visibles.

Les diamètres crâniens sont o m. 182, o m. 149 et o m. 133?; et les indices mesurent par suite 81,8, 73,0? et 89,2? Les circonférences hori-

national de Bosnie-Herzégovine, en a fait connaître neuf autres, recueillis à Delbiniste et Kavaja, au nord de la Schkumbi (L. Glück. *Zur physischen Anthropologie der Albanesen* [*Wissenschaftl. Mittheil. aus Bosnien und der Hercegavina herausgegeben von Bosnisch. Hercegovinischen Landesmuseum in Sarajevo;* redig. von Dr M. Hoernes. Bd. V. s. 376-402, 9 fig, 1897]. On doit aussi à ce dernier les trente premières observations qui aient été prises sur le vivant à Prizzen, Djakova, etc. (s. 366-375).

[1] Voir sur l'ancienne Illyrie et ses habitants la thèse de Poinsignon : *Quid præcipue apud Romanos adusque Diocletiani tempora Illyricum fuerit.* Paris, Joubert, 1846, avec carte.

[2] L'antéro-postérieure fait défaut, par suite d'une perte de substance au trou occipital.

zontale et transverse sont représentées respectivement par les chiffres
o m. 522 et o m. 458 [1].

Avec ce crâne sous-brachycéphale s'harmonise une face, plutôt un peu
courte (haut. tot., 82 millimètres), modérément dilatée (d. bizyg., 132 millimètres) et dont l'indice ne dépasse pas 63,6.

La racine du nez est étroite; le diamètre orbitaire mesure seulement
21 millimètres; le nez est mince (larg., 22 millimètres) pour sa hauteur
(47 millimètres); son indice reste à 46,7; sa leptorhinie est donc fort
accentuée.

Les orbites, un peu obliques, sont très bas et très allongés, et l'indice
correspondant est des plus microsèmes (75,6).

La détérioration des alvéoles incisifs interdit malheureusement de mesurer
le léger degré de prognathisme qu'ils devaient offrir. Les dents, généralement mauvaises, sont en grande partie tombées de bonne heure; il ne
reste à gauche que l'incisive, profondément cariée, et la première grosse
molaire, demeurée seule intacte sur le bord alvéolaire résorbé. A droite, les
molaires, grosses et petites, étaient malades en masse et plus qu'à demi
consumées.

Le maxillaire inférieur n'a plus que ses dents antérieures, et la seule
demeurée debout est creusée à son sommet d'une profonde cupule pathologique.

Cet arc osseux n'offre d'ailleurs qu'un seul caractère intéressant, c'est la
force relative de ses branches montantes et l'extroversion de leurs angles,
qui fait monter à 104 millimètres le diamètre bigonial.

Le crâne de femme de la collection Degrand répète, en plus petit, toutes
les formes de son compagnon. Il n'a pas d'épactal, mais par contre un os
wormien assez large (haut., 8 à 10 millimètres, long., 20 et 27 millimètres) dans chaque fontanelle antérieure et inférieure.

Les diamètres crâniens mesurent o m. 167, o m. 137 et o m. 123;
les indices céphaliques égalent 82,0, 73,6 et 93,7.

La courbe frontale totale gagne 126, le diamètre frontal maximum est
de 112.

La face est proportionnellement un peu plus étroite, et l'indice facial
augmente de près de cinq centièmes. Les orbites sont également plus
étroits (larg., 36 millimètres), tout en demeurant aussi peu développés
en hauteur (haut., 31 millimètres), et leur indice s'élève à 86,1. Mais la
leptorhinie s'accentue avec l'indice 43,1.

L'arcade dentaire est à peine un peu projetée en avant et en bas; les
dents sont belles, saines et bien plantées.

[1] Cet os surnuméraire est d'un type tout à fait classique; sa forme est celle
d'un triangle isocèle, haut de 55 millimètres et large de 101; et sa base est à
2 centimètres au-dessus de l'inion.

En résumé, nos deux sujets des anciens tombeaux de Scutari sont l'un et l'autre sous-brachycéphales, avec l'indice céphalique 81,6. Leur indice facial commun égale 66,1; ils sont leptorhines à 44,9 et microsèmes à 80,8. Les habitants actuels de la même région sont également leptorhines (46.1) et microsèmes (81,4); mais leur indice facial est sensiblement moindre (59,3), et surtout ils exagèrent leur brachycéphalie, au point de présenter l'indice moyen de 89,5 exceptionnel [1].

[1] ZAMPA, *op. cit.*, p. 632.

NOUVELLES OBSERVATIONS SUR LA GROTTE DE KAKIMBON
(GUINÉE FRANÇAISE),

PAR M. E.-T. HAMY.

Extrait du *Bulletin du Muséum d'histoire naturelle*. — 1900, n° 7, p. 337.

Je reviens aujourd'hui à ce curieux gisement dont j'ai déjà entretenu notre réunion l'an dernier, afin de rectifier une ou deux erreurs de détail et d'ajouter quelques renseignements importants à ceux qui figurent aux pages 337-339 de notre *Bulletin* de 1899.

Je suis mieux renseigné, en effet, sur la topographie de la grotte ouverte entre Kaporo et Konakry, à 10 kilomètres du Kakimbon, au nord-est *de l'île* où s'élève la capitale de la colonie, et à 500 mètres seulement *de la mer*. La cavité d'où provenaient les pièces de M. Paroisse, que je vous présentais l'an dernier et celles que je vous montre aujourd'hui, mesure 4 mètres de profondeur sur 10 mètres de largeur, et une énorme roche de magnétite, atteignant à son sommet une dizaine de mètres de haut, la surmonte et la protège. Devant la cavité passe un étroit sentier qui conduit de Kipé à Rotoma, en franchissant à gué un peu plus loin la rivière de Kakimbon.

Ce cours d'eau contourne par derrière le grand rocher et vient se précipiter, au Sud de la caverne, par une chute de plusieurs mètres, dans un petit lac de forme ovale, qui baigne le pied de la falaise où s'ouvre notre grotte. Ce lac, dont le niveau moyen est à 5 mètres au-dessous de l'entrée de la cavité, est en communication constante avec la mer, qui en est séparée par un étroit espace couvert de Palétuviers, et monte à chaque marée d'une manière très sensible.

On voit que la situation était particulièrement attrayante pour des Sauvages. Sous un abri bien sec et suffisamment étendu (40 mètres carrés), adossé à une roche inaccessible, dont les abords latéraux étaient fort aisés à défendre, ils pouvaient en sécurité utiliser les ressources abondantes que le lac et la côte mettaient à leur disposition. L'eau du Kakimbon, en amont de la chute, à quelques pas de la grotte, est limpide et saine; le petit lac est très poissonneux et les Palétuviers sont chargés d'Huîtres excellentes. Enfin les matériaux pour la fabrication des instruments usuels gisent à peu de distance.

Aussi des indigènes, de race d'ailleurs inconnue, se sont-ils installés *anciennement* dans une station aussi privilégiée et la couche de limon de 0 m. 40 à 0 m. 50 d'épaisseur qui tapisse la roche naturelle contient-elle en abondance des instruments qui, dans nos contrées, *seraient considérés comme néolithiques.*

J'ai déjà décrit et figuré dans ma note précédente quelques-unes de ces pierres taillées, exposées depuis lors dans notre galerie d'Anthropologie. M. le D^r Ballay m'a fait remettre près de 700 nouvelles pièces.

Les limonites taillées dominent considérablement dans cette grande collection, comme elles dominaient déjà dans la petite. J'en ai examiné en effet plus de 500, enlevées à des plaques cassées en larges morceaux ou à des cailloux roulés, plus ou moins volumineux, apportés de la région du Mancah; elles ont des formes généralement bien arrêtées, quoique les surfaces conchoïdales ne soient jamais bien nettes et que les bulbes de percussion soient réduits à des élevures assez mal circonscrites. Presque toutes ces limonites ont conservé une de leurs faces à l'état naturel; un petit nombre seulement montrent des traces de travail sur les deux faces à la fois. Les formes archaïques dites *lancéolées* ou *amygdaloïdes* se manifestent rarement : des pointes plus soignées se rapprochent, au moins en gros, de celles de Solutré. D'autres plus épaisses et plus grossières vont vers les formes de la Dubréka, dont j'ai figuré ici même un spécimen, il y a trois ans [1].

Le reste de la collection se compose de formes plus simples : couteaux, pointes, perçoirs, disques; les grattoirs sont à peu près absents ou du moins toujours mal dessinés, et les tranchets ne sont représentés que par deux ou trois pièces d'ailleurs plutôt douteuses.

Il est vrai que ces deux types industriels appartiennent de préférence à des peuples plus boréaux, chez lesquels la préparation des peaux est tout à fait essentielle. Les Troglodytes du Kakimbon n'avaient pas plus besoin de ces outils spéciaux que les anciens habitants des oasis sahariens, dans les stations desquels ils font absolument défaut.

Les haches polies en limonite sont fort rares au Kakimbon; presque tous les instruments sont en *labradorite*, et non pas en *grès*, comme je l'ai imprimé par erreur [2]. M. Lacroix a déjà signalé l'emploi de cette roche chez les anciens Indigènes de Massa M'Combo [3] aux bords de la Dubréka, et parmi les pièces présentées par le capitaine Moreau à l'assemblée des naturalistes au Muséum en mars dernier, il s'est encore rencontré plusieurs spécimens de la même roche, transformés en haches ou en herminettes [4].

Les plus remarquables sont des haches à double tranchant qui pouvaient successivement s'emmancher par l'un ou l'autre bout. La labradorite a en

---

[1] Cf. E.-T. Hamy, *L'âge de pierre dans la Dubréka.* (*Bull. du Mus.*, 1877, p. 283.)

[2] *Loc. cit.*, p. 338.

[3] *Bull. du Mus.*, 1877, p. 284.

[4] *Ibid.*, 1900, p. 94.

outre fourni la matière d'un gros polissoir et d'un certain nombre d'outils grossiers, dans le détail desquels il n'est pas nécessaire d'entrer ici [1].

Il se trouve de plus, dans la collection d'ensemble qui m'a été confiée par M. le D' Ballay, une trentaine d'objets en quartz de petite taille, façonnés en lames, en pointes triangulaires ou amygdaloïdes, et plusieurs blocs de grès ferrugineux, dont un ou deux semblent présenter des traces de polissage; un marteau de quartzite avec dépressions digitales; deux haches polies de la même matière: enfin plusieurs molettes en *syénite néphéinique*, cette roche intéressante découverte naguère à Konakry et aux îles de Los.

La céramique, qui faisait défaut à la base du gisement, abonde dans une couche moyenne, sous forme de fragments de vases usuels, de fabrication médiocre, mais artistiquement décorés de chevrons, de losanges, d'arceaux, etc. Enfin la couche superficielle, celle que M. le D' Maclaud considérait (je l'ai déjà dit) comme formée en majeure partie d'*ex-voto* de féticheurs, a donné un morceau d'ambre brut, une scorie de fer au bois, une coquille d'*Achatina variegata* (Fab. Col.) et un caillou roulé ovale et aplati, percé d'un trou naturel et peint en rouge. Ces objets divers ont dû être apportés dans la grotte par ces féticheurs Cimos ou Simons, dont j'ai sommairement rappelé ici les pratiques.

Ainsi que je le faisais remarquer en terminant ma première note, la fouille de la grotte, qui a fourni tant de matériaux intéressants et nouveaux pour notre science, est demeurée imparfaite. Un rapport inédit de M. Albert Mouth, en date du 16 août dernier, dont je dois la communication à l'amabilité de M. l'abbé Breuil, permet de préciser ce qu'il reste à faire pour avoir achevé les travaux. M. Mouth montre, en effet, sur le plan joint à sa note, que la plate-forme qui prolonge l'ancien sol de la grotte en avant de la falaise à pic, dans laquelle la cavité est creusée, est demeurée intacte sur une épaisseur de près de 3 mètres. Si vous voulez bien vous rappeler que c'est presque toujours cette portion du plancher des grottes et des abris sous roche qui fournit les plus abondantes récoltes, vous ne manquerez pas de vous associer au vœu que je formule de nouveau ici, pour que M. le gouverneur fournisse bientôt les moyens de terminer les fouilles du Kakimbon, pour le plus grand profit des études préhistoriques en Afrique occidentale.

[1] J'ai décrit tout ce matériel en détail dans une notice lue au Congrès d'anthropologie préhistorique en août dernier.

## LA GROTTE NÉOLITHIQUE DE GÉMÉNOS (BOUCHES-DU-RHÔNE),

### PAR M. LE PROFESSEUR E.-T. HAMY [1].

Extrait du *Bulletin du Muséum d'histoire naturelle.* — 1900, n° 8, p. 405.

A une vingtaine de mètres au-dessus du fond du ravin de Saint-Clair et sur la gauche, dans un massif de calcaires jurassiques, se voit une excavation naturelle de 4 à 5 mètres carrés, dans laquelle on ne peut pénétrer que par une fente étroite. Cette entrée était naguère encore bouchée par un gros bloc contre lequel était amoncelé de la terre; feu M. Marion, de Marseille, y pénétra le premier.

«Au fond de la grotte, écrivait-il au commencement de 1876 à M. Cartailhac, reposaient une quinzaine de squelettes, parmi lesquels ceux de plusieurs Femmes et Enfants. Quelques os étaient calcinés, dit-on; des os d'animaux se trouvaient d'ailleurs mêlés aux débris humains. Parmi eux étaient des mâchoires inférieures de *Bos* jeunes et des dents et deux noyaux osseux de cornes de Ruminants.

"Un certain nombre d'objets avaient été placés auprès des morts. Il faut citer d'abord un petit nombre de silex du type couteau et deux ou trois pointes de flèches en forme de feuille de Saule, plus grossières que celles du tumulus de Allouch. . . . .

"Il y avait encore des fragments de vases et poterie grossière: l'un d'eux est ornementé d'un bourrelet avec dépressions opérées par les doigts [2]."

Ces quelques renseignements, ajoute M. Cartailhac, "nous permettent déjà de placer cette nouvelle grotte sépulcrale à côté de celles de Saint-Jean-d'Alcas (Aveyron), de Duruthy, couche supérieure (Landes), de Labri et de Durfort (Gard), du Trou du Frontal (Belgique), et de tant d'autres dans lesquelles les Hommes de l'âge de la pierre polie déposaient leurs morts."

Et M. Cartailhac termine en annonçant que "les ossements et objets recueillis ont été confiés à l'étude de M. de Quatrefages par l'éminent professeur de zoologie de Marseille".

M. de Quatrefages a envoyé, en effet, au laboratoire d'anthropologie du Muséum, le 15 février 1876, une caisse renfermant deux crânes humains à peu près entiers, des fragments de six autres crânes, deux mâchoires in-

---

[1] Cette note a été rédigée pour répondre à une demande de renseignements adressée à l'administration du Muséum, par M. Clerc, directeur du Musée d'archéologie de Marseille.

[2] *Mat. pour l'hist. nat. de l'homme.* T. XI, p. 93, 1876.

férieures complètes et des portions de treize autres, enfin un certain nombre d'ossements assez mal conservés du tronc et des membres. M. Marion avait joint à cet envoi deux silex taillés et quelques fragments de poterie, une corne sciée de bélier, enfin des débris osseux de Porc et de Chèvre.

L'existence de ces derniers animaux dans la collection envoyée par M. Marion, la présence des poteries modelées à la main et d'un long fragment de pointe de silex en forme de feuille de Saule, finement taillé à petits éclats sur ses deux faces, au milieu d'ossements provenant de plus de quinze sujets, Hommes, Femmes et Enfants, justifient pleinement l'opinion de M. Cartailhac sur la nature et sur l'âge de la grotte sépulcrale de Géménos. La petite tribu qui inhumait ses morts dans cette retraite appartenait, sans aucun doute, à la période néolithique.

Comme il est particulièrement intéressant de fixer pour cette période les caractères anthropologiques des habitants d'un littoral dont nous connaissons déjà les indigènes, beaucoup plus anciens, inhumés dans les grottes rouges dites *de Menton*, j'ai décrit et mesuré avec soin les crânes de la collection Marion, que l'on pourra ainsi rapprocher utilement des séries antérieurement recueillies dans le voisinage.

## I

J'ai dit qu'il se trouvait dans l'envoi adressé de Marseille à M. de Quatrefages deux crânes humains entiers. De ces deux crânes, l'un et l'autre admirablement conservés, le premier est masculin, le second féminin. Le crâne d'homme, tout à fait complet, est de capacité avantageuse; il ne cube pas moins, en effet, de 1,685 centimètres cubes, dépassant ainsi de 125 centimètres cubes la moyenne actuelle. Ses trois circonférences, horizontale, antérieure et transverse, toutes trois supérieures à celles des Français d'aujourd'hui (Broca), atteignent respectivement o m. 536, o m. 519 et o m. 448. Mais ce développement relatif porte sur les régions postérieures : étant donné, par exemple, que la courbe horizontale totale est plus longue de 11 millimètres que celle de nos contemporains, la portion *post-auriculaire* de cette courbe l'emportera de 21 millimètres, tandis que la *pré-auriculaire* sera, au contraire, plus petite de 10 millimètres.

Les diamètres antéro-postérieur et transverse se combinent de manière à donner un indice céphalique placé à la limite supérieure de la sous-dolichocéphalie; l'indice de longueur-hauteur est également plus bas de deux centièmes que sur les crânes actuels, l'indice de hauteur-largeur ne varie presque pas.

Le profil crânien est bien régulier : la courbe générale se dessine sans ressaut et sans méplat, mais (ce qui complète ce que l'on a dit tout à l'heure de la courbe horizontale) tandis que la région frontale offre des dimensions légèrement inférieures aux moyennes actuelles, les régions pariétales et occipitales se montrent l'une et l'autre beaucoup plus développées que sur les sujets d'aujourd'hui, de sorte que la *dolichocéphalie* est *postérieure*, ainsi que Broca l'avait déjà fait remarquer sur des sujets de la même période.

Les bosses latérales, frontales et pariétales sont mal indiquées, la *norma verticalis* est franchement ovale. Il n'existe presque aucune trace de crête sur la ligne médiane.

Aucune des sutures ne présente la moindre anomalie : la synostose commençait à fermer la sagittale à la fois en avant et en arrière.

La base du crâne montre des empreintes musculaires vigoureusement accentuées.

La face est à peine un peu plus développée dans les deux sens que sur les Français modernes, et l'indice facial varie extrêmement peu.

Il en est de même du nez, dont les os propres sont toutefois plus courts et plus busqués. L'espace interorbitaire est plus large, l'orbite plus étroit et, par suite, l'indice orbitaire un peu plus élevé. La voûte palatine l'emporte sensiblement dans toutes ses dimensions: les dents, fortes et saines, sont usées à plat.

Le crâne de la femme de Géménos, encore très volumineux (1.605 centimètres cubes[1]), répète presque exactement les formes générales de celui de l'homme; il a presque les mêmes indices céphaliques, mais l'indice facial est sensiblement plus faible, tandis que l'indice nasal se montre, au contraire, un peu plus élevé.

Je ne parlerai des mesures que pourraient donner les autres pièces osseuses, assez mauvaises, en général, de la collection Marion, que pour en déduire la taille approximative des sujets des deux sexes, qui m'a paru correspondre à 1 m. 65 ou 1 m. 66 pour les hommes, 1 m. 52 ou 1 m. 53 pour les femmes.

On ne peut, d'ailleurs, relever sur ces os aucune particularité ostéologique vraiment intéressante : pas de perforation olécrânienne, pas de courbes exagérées, pas d'aplatissement ou de saillie notables de quelque face ou de quelque bord.

Un tibia gauche est toutefois remarquable par la blessure de guerre qu'il a reçu jadis. Cette pièce, qui a été figurée par M. Verneau, dans un volume de la *Bibliothèque des Merveilles* intitulé : *L'enfance de l'Humanité* [2], montre encore engagée entre le bord externe du plateau et le haut de la face correspondante de la diaphyse *une flèche de silex finement denticulée* dont la pointe sort de plus d'un centimètre, tandis qu'une cicatrice de 15 millimètres précédée d'une perte de substance d'un centimètre enlevée en

---

[1] Une perte de substance au front empêche un cubage parfait. Le chiffre 1,605 est probablement un peu faible.

[2] Paris, 1890, in-12, p. 305.

biseau marqué en avant et en dehors du plateau son entrée dans le tibia. Le sujet blessé était appuyé sur le genou gauche, la jambe horizontalement dirigée en arrière, quand il fut frappé de cette flèche qui est demeurée dans l'os où le travail de réparation l'a retenue [1].

## II

Les crânes de Baoussé-Roussé, autrement dit *crânes de Menton*, auxquels il convient de comparer en premier lieu ceux de Géménos, en diffèrent notablement, de prime abord, par leur dolichocéphalie, qui est bien plus accentuée, sous l'influence simultanée de l'augmentation des dimensions antéro-postérieures et de la diminution des diamètres transverses. La *norma verticalis* est plutôt *pentagonale* qu'ovoïde, et l'on peut remarquer la présence de deux caractères qui faisaient défaut à Géménos : un rudiment de crête sagittale, d'une part, et, de l'autre, un méplat très sensible au-devant de l'angle lambdatique. L'inion est aussi plus renflé et la base est plus aplatie.

La face est surtout remarquable chez les sujets de Menton par son développement en largeur, et les orbites, en particulier, sont tout à la fois plus bas et plus larges.

Enfin la taille moyenne n'est pas inférieure à 1 m. 82, pour le sexe masculin, à 1 m. 65 pour le sexe féminin (Verneau).

Ces traits, qui reproduisent, en les atténuant parfois, ceux de la race des Troglodytes de l'âge du Renne, dite *race de Cro-Magnon*, distinguent nettement les êtres humains qui vivaient sur le littoral de Provence à la fin des temps quaternaires de ceux dont les fouilles de Marion ont permis de constater la présence sur les mêmes rivages à l'âge de la pierre polie.

Ces derniers rentrent dans le type des *dolichocéphales néolithiques* dont les cavernes sépulcrales, analogues à celle de Géménos, sont relativement nombreuses en certaines régions de la France.

On pourra notamment les comparer avec ceux de Nogent-les-Vierges, dont j'ai donné les principales mesures dans les *Crania Ethnica* [2].

Ce type s'est maintenu d'ailleurs assez tard en Provence, mais en se mélangeant dès l'apparition des métaux, au Castellet de Fontvieille-lès-Arles, par exemple, avec un autre type, dont la brachycéphalie se caractérise par des indices qui peuvent dépasser 82.

Le crâne du *tumulus* préromain de Peyrolles, que nous avons reçu en

---

[1] Il est remarquable que M. Cazalis de Fondouce ait justement trouvé dans une des sépultures du Castellet, dont nous rapprochons plus loin celle de Géménos, une blessure de guerre fort analogue à celle que je viens de décrire brièvement. (Cf. Cazalis de Fondouce, *Les Temps préhistoriques dans le Sud-Est de la France, Allées couvertes de la Provence, 2ᵉ mém.* Montpellier, 1878, in-4°, p. 16.)

[2] *Cran. Ethnica*, p. 493.

1899 de M. Lacathon de la Forest [1], reproduit tous les caractères de ceux de la grotte de Géménos, dont il ne diffère guère que par son volume un peu moindre.

J'ai juxtaposé les mesures de cette pièce à celles des deux troglodytes de Saint-Clair dans le tableau que voici :

|  | CRÂNES DE GÉMÉNOS. | | CRÂNE DE PEYROLLES. |
|  | 1 ♂ | 1 ♀ | 1 ♂ |
| --- | --- | --- | --- |
| Capacité................ | 1,685$^{cc}$ | 1,605$^{cc}$ | ″ |
| Circonférence horizontale..... | 536$^{mm}$ | 510$^{mm}$ | 510$^{mm}$ |
| Diamètre — antéro-postérieur... | 190 | 180 | 182 |
| Diamètre — transversal....... | 148 | 140 | 142 |
| Diamètre — basilo-bregmatique. | 134 | 126 | 127 |
| Diamètre — frontal maximum.. | 124 | 117 | 115 |
| Diamètre — frontal minimum.. | 98 | 95 | 93 |
| Diamètre — biorbitaire externe. | 107 | 102 | 102 |
| Diamètre — bizygomatique .... | 135 | 124 | 132 |
| Hauteur de la face......... | 90 | 77 | 90 (?) |
| Nez — longueur........ | 53 | 46 | 52 |
| Nez — largeur......... | 24 | 22 | 25 |
| Orbite — largeur......... | 38 | 39 | 30 |
| Orbite — hauteur......... | 33 | 34 | 33 |
| Indice — longueur-largeur.. | 77.8 | 77.7 | 78.0 |
| Indice — longueur-hauteur.. | 70.5 | 70.0 | 69.7 |
| Indice — hauteur-largeur... | 90.5 | 90.0 | 90.2 |
| Indice — facial.......... | 66.6 | 62.0 | 66.1 |
| Indice — nasal.......... | 45.3 | 47.8 | 48.0 |
| Indice — orbitaire........ | 86.8 | 87.1 | 86.8 |

En résumé, les observations inédites, dont il vient d'être question, nous montrent les mêmes types humains se succédant dans le même ordre en Provence que dans les autres contrées occidentales, depuis l'âge du Renne jusqu'à ceux du bronze et du fer.

Deux races dolichocéphales bien distinctes, l'une de grande taille, l'autre plutôt petite, se sont succédées sur place, quand survinrent à leur tour les brachycéphales, qui devaient si profondément transformer le type régional.

[1] Ce tumulus de Peyrolles est situé à une petite distance de l'emplacement d'une station romaine, où l'on a fouillé à diverses reprises des sépultures à incinération et à inhumation. A l'intérieur du tumulus, on trouve une tombe formée de pierres non taillées, mais soigneusement choisies pour s'adapter; il n'y avait aucun objet caractéristique auprès du mort; mais, par sa construction même, le monument remontait certainement à des temps bien antérieurs à l'occupation romaine.

NOTE SUR UNE SÉPULTURE NÉOLITHIQUE DE FONTVIEILLE-LÈS-ARLES,

PAR M. E.-T. HAMY.

Extrait du *Bulletin du Muséum d'histoire naturelle*. — 1901, n° 1, p. 8.

En recherchant dans les papiers laissés par M. de Quatrefages au laboratoire d'Anthropologie les documents relatifs à la grotte de Géménos, sur laquelle M. Clerc, directeur du musée de Marseille, demandait des renseignements [1], j'ai rencontré une courte note de François Lenormant contenant des indications inédites sur une autre sépulture antique des Bouches-du-Rhône, fouillée par le célèbre archéologue, il y a près de trente ans, et dont il n'est question dans aucune des publications spéciales que j'ai eues entre les mains.

Cette sépulture faisait partie d'un groupe de tombeaux fort anciens, découverts à différentes époques à Fontvieille-lès-Arles. Mais la description et le dessin qui l'accompagne ne correspondent à aucun des monuments funéraires signalés par M. Cazalis de Fondouce dans les monographies qu'il a consacrées, en 1873 et en 1878, aux nécropoles de cette commune [2].

Il est vrai qu'en dehors des allées couvertes, d'un type particulier, que font connaître sous les noms de *Grotte des fées*, de *Grotte Bounias*, de *Grotte de la Source* et de *Grotte du Castellet* les deux mémoires de ce savant collègue, il s'est trouvé, à plusieurs reprises, sur les montagnes de Cordes et du Castellet des vestiges également archaïques : débris de monuments d'apparence plus ou moins néolithique, poterie analogue à celle des dolmens, etc.

Or c'est un tombeau de cette sorte, intermédiaire entre les grottes-allées de M. Cazalis de Fondouce et les petits dolmens du midi de la France, que François Lenormant fouillait rapidement le 17 avril 1871.

Les grottes-allées de Fontvieille-lès-Arles sont des couloirs longs et étroits, mesurant 12 à 25 mètres de longueur, creusés dans la roche vive et recouverts presque partout de larges dalles posées à plat, puis d'un amas de terre et de pierres. Le tombeau trouvé par François Lenormant est une simple chambre, dont les côtés sont formés de petites pierres, la couverture ne différant point, d'ailleurs, de celles des grandes allées.

[1] Cf. *Bull. du Muséum*, déc. 1900.

[2] P. CAZALIS DE FONDOUCE, *Les temps préhistoriques dans le Sud-Est de la France. Allées couvertes de la Provence*, Montpellier, 1873, in-4°. 32 p., 5 pl. — *Id.*, Second mémoire, Montpellier, 1878, in-4°, 64 p., 7 pl.

D'après le croquis original, que je reproduis ci-contre, les parois de cette chambre se composaient de cinq assises assez régulières, fortanalogues à celles des murs de soutien du vestibule de la grotte voisine, dite «de Bounias»[1]. Comme dans toutes les grottes de Fontvieille, ces parois *convergeaient quelque peu vers le haut* et la coupe du monument prenait la forme d'un trapèze.

Coupe transversale
du tombeau (F. L.).

Le tout était creusé dans la terre franche, qui dissimulait complètement la sépulture.

Le squelette reposait là, accompagné d'une hache polie. Le crâne du personnage, pour lequel on avait construit spécialement ce tombeau, a été envoyé à M. de Quatrefages par François Lenormant, le 30 juillet 1871, et porte le n° 671 de notre Inventaire général. Loin de ressembler aux têtes de la grotte-allée du Castellet, décrites naguère par Broca[2] et dont deux sont dolichocéphales (73,4), tandis que la troisième est mésaticéphale (78,6), la nouvelle pièce atteint à peu près les limites inférieures de la brachycéphalie vraie. Le diamètre antéro-postérieur égale 182 millimètres, le transverse en mesure 150 et l'indice céphalique s'élève à 82,4. Les dimensions en hauteur sont relativement avantageuses chez les trois sujets, le diamètre basilo-bregmatique de celui que je décris ici s'élevant à 141 millimètres; ceux que Broca a fait connaître atteignaient l'un 140 millimètres, l'autre 144. Les indices de hauteur-longueur et de hauteur-largeur du crâne relevés par Lenormant se chiffrent par 77,4 et 94,0; ils atteignaient respectivement 73,4 et 76,5 d'une part, 100,6 et 96,5 de l'autre, chez les sujets déjà décrits.

Le crâne du tombeau découvert par François Lenormant est d'ailleurs un crâne d'un volume peu supérieur à celui des crânes actuels[3]. Si, en effet, la circonférence horizontale est un peu plus petite que sur ces derniers, la circonférence transversale est sensiblement plus développée et le total des trois courbes céphaliques, divisé par trois, l'emporte de 9 millimètres chez l'homme de Fontvieille-lès-Arles (502 millimètres), comparé aux Français d'aujourd'hui (493 millimètres)[4].

A la brachycéphalie de ce sujet correspond une dilatation très marquée de toute la face. Les deux diamètres frontaux, le biorbitaire et le bizygomatique, atteignent des chiffres sensiblement supérieurs à ceux de la série

[1] P. Cazalis de Fondouce, *op. cit.*, pl. II, fig. 12-13; pl. III, fig. 2.

[2] *Id.*, Second mémoire, p. 29-31, pl. VII.

[3] Le temporal droit et une partie du pariétal correspondant font défaut, et il est impossible de déterminer même approximativement la capacité crânienne.

[4] P. Topinard, *Éléments d'anthropologie générale*, p. 677.

de M. Cazalis de Fondouce. Malheureusement, l'absence de la plus grande partie des os faciaux nous prive de la connaissance des dimensions verticales, et les indices facial, nasal et orbitaire font défaut à notre tableau.

### CRÂNES DE FONTVIELLE-LÈS-ARLES.

| | GROTTE DU CASTELLET. | | | TOMBE (F. L.). |
| | N° 1. | N° 2. | N° 3. | N° 4 |
| | ♂ | ♂ | ♀ | ♂ |
|---|---|---|---|---|
| Capacité crânienne............ | 1.680cc | 1,643cc | 1,420cc (?) | " |
| Circonférence horizontale..... | 541mm | 522mm | 530mm (?) | 518mm |
| Diamètre { antéro-postérieur.. | 196 | 183 | 192 | 182 |
| transverse....  .... | 143 | 144 | 142 | 150 |
| basilo-bregmatique. | 144 | 140 | " | 141 |
| frontal maximum.. | 117 | 124 | 112 | 129 |
| frontal minimum.. | 98 | 99 | 102 | 104 |
| biorbitaire externe. | 164 | 106 | 107 | 114 |
| bizygomatique .... | " | 129 | " | 145 |
| Hauteur de la face.......... | " | 90 | 91 | " |
| Nez .... { longueur ........ | " | 49 | 54 | " |
| largeur.......... | " | 23 | 23 | " |
| Orbite . { hauteur.......  ... | 30 | 30 | " | " |
| largeur.......... | 39 | 38 | " | 39 |
| Indices .. { longueur-largeur .. | 72.9 | 78.6 | 73.9 | 82.4 |
| hauteur-longueur.. | 73.4 | 76.5 | " | 77.4 |
| hauteur-largeur... | 100.6 | 96.5 | " | 94.0 |
| facial.......... | " | 69.8 | " | " |
| nasal .......... | " | 46.9 | " | " |
| orbitaire........ | 76.9 | 78.9 | " | " |

Si incomplet qu'il soit, il est pourtant déjà fort instructif, puisqu'il nous montre intervenant en Provence, comme en tant d'autres contrées occidentales, *tout à fait à la fin de l'âge de la pierre polie*, un élément ethnique, brachycéphale et eurygnathe, dont l'importance ira toujours en grandissant dans la suite, jusqu'à ce qu'il arrive à devenir tout à fait prépondérant de nos jours.

*Le muscle auriculo-iniaque observé chez un Annamite*.

PAR M. LE PROFESSEUR E.-T. HAMY.

Extrait du *Bulletin du Muséum d'histoire naturelle*. — 1901, n° 2, p. 53.

Les muscles auriculaires sont généralement réduits, chez l'Homme, à quelques faisceaux pâles et minces, qu'on ne voit bien le plus souvent qu'après les avoir fait noircir sous l'action de l'acide nitrique.

Les anatomistes ont depuis longtemps distingués ces muscles, en *auriculaire antérieur*, subdivisé lui-même en superficiel et profond, *auriculaire supérieur* ou auriculo-temporal, et enfin *auriculaire postérieur*.

Ce dernier muscle, plus apparent que les autres, est constitué par deux ou trois faisceaux, naissant habituellement de la base de l'apophyse mastoïde et des portions voisines de l'occipital et allant s'insérer vers le bas de la conque auditive. «Presque toujours, dit Cruveilhier[1], les insertions occipitales de ce muscle se font par une languette tendineuse qui se prolonge très loin, qui coupe à angle droit les insertions des muscles occipital, trapèze et sterno-mastoïdien et qu'on peut suivre jusqu'à la protubérance occipitale.»

Et il ajoute qu'il a vu «cette languette tendineuse remplacée par un faisceau charnu».

Or, c'est cette dernière disposition signalée, dès 1716, par Gibson[2] et décrite de nouveau par Hallet, en 1849, que j'ai retrouvée chez un Annamite dont on nous avait envoyé, de Saïgon, la tête conservée dans l'alcool.

Le muscle prenait naissance *sur l'inion même* et sur la ligne courbe occipitale supérieure, tout au voisinage de ce point anatomique, par un tendon aplati, relativement court et large. De là, il se portait transversalement dehors, en passant au-dessus des insertions du sterno-cleido-mastoïdien, et se continuait directement avec les fibres de l'auriculaire postérieur.

Il y avait dans mon observation, comme dans celles de Gibson et d'Hallet, «continuité absolue des deux portions charnues», et l'auriculaire semblait

[1] J. CRUVEILHIER, *Traité d'anatomie descriptive*. 3ᵉ édition. Paris, 1851. T. II, p. 196.

[2] GIBSON, *Anat.* 1716, p. 489. — HALLET, *Edinb. Med. Journ.* 1849. — Ap. L. TESTUT, *Les anomalies musculaires chez l'homme, expliquées par l'anatomie comparée*. Paris, 1884, in-8°, p. 130-133.

bien, comme le dit M. Testut, « avoir reculé son origine postérieure jusqu'à la protubérance occipitale externe ». C'était vraiment un muscle *auriculo-iniaque*, rétracteur du pavillon de l'oreille et, par suite, analogue à l'un de ces muscles cervico-auriculaires étudiés par MM. Chauveau et Arloing chez nos animaux domestiques, dont les insertions partent de la ligne médiane (*occipiti-aurien*, etc.), et qui ont aussi pour mission de tirer le pavillon en arrière [1].

L'anomalie musculaire de mon Annamite devient ainsi une de ces variations dites *régressives*, qui reproduisent accidentellement, chez l'Homme, des dispositions normales chez des Mammifères placés sensiblement au-dessous de lui dans l'échelle zoologique.

[1] Cf. L. Testut, *Op. cit.*, p. 132-133.

SUR UN CAS D'HYPERTROPHIE DES MAMELLES OBSERVÉ CHEZ UN NÈGRE
DU CONGO,

PAR LE D<sup>r</sup> E.-T. HAMY.

Extrait du *Bulletin du Muséum d'histoire naturelle*. — 1901, n° 4, p. 158.

On a vu quelquefois... chez des hommes... dit Isidore Geoffroy Saint-Hilaire, les glandes mammaires aussi volumineuses qu'elles le sont chez les femmes dans l'état ordinaire. «Il est même des cas où le développement des mamelles est complet et tellement, qu'elles deviennent aptes à l'accomplissement de la fonction physiologique qui leur est dévolu normalement chez les femmes, c'est-à-dire à la sécrétion d'un véritable lait [1]».

Alexandre de Humboldt, dans son *Voyage aux Régions équatoriales*, rapporte un cas très curieux de ce genre, celui d'un homme qui avait nourri son fils de son propre lait pendant cinq mois entiers, et l'on trouve dans les anciens auteurs un grand nombre d'observations analogues que Martin Schurig a réunies dans son livre sur la grossesse.

Ce sont, sans doute, des faits de cette nature qui ont autorisé les récits de quelques voyageurs qui, plus amis du merveilleux que de la vérité, ont affirmé qu'au Brésil et *dans quelques parties de l'Afrique* ce sont les hommes et non les femmes qui allaitent leurs enfants [2]. Les faits ainsi présentés sont, sans contredit, extrêmement exagérés, et je n'en veux retenir que la constatation faite, à diverses reprises, de l'existence, chez des individus de race nigritique, de véritables mamelles. Voici un nouvel exemple de cette anomalie, recueilli dans la région des cataractes du Congo par un officier belge, M. le commandant Weyns, du régiment des carabiniers.

La belle photographie, que j'ai reçue de M. Espanet et que je vous présente, nous montre un Indigène de la rive gauche des Cataractes «dont les seins, dit mon correspondant, *étaient exactement semblables à ceux d'une femme*». L'individu, arrêté debout à l'entrée d'un sentier qui pénètre au loin sous bois, est entièrement nu, et l'on constate que ses organes sexuels, normalement conformés, atteignent les dimensions plutôt exagérées qui sont habituelles aux Nègres en général, tandis que sa poitrine, large et ample, porte deux seins, d'un volume relativement considérable, qui

[1] Isid. Geoffroy Saint-Hilaire, *Histoire générale et particulière des anomalies de l'organisation*, etc., Paris 1832, in-8°, t. I, p. 270.

[2] Isid. Geoffroy Saint-Hilaire, *op. cit.*, p. 271.

tombent quelque peu en divergeant à droite et à gauche et se terminent par des mamelons bien détachés.

Pour tout le reste, le sujet que nous avons sous les yeux est un Nègre qu'on prendrait volontiers pour typique avec sa tête petite et allongée, le prognathisme accentué des deux mâchoires, la hauteur et l'étroitesse de la face, l'amplitude des épaules et le rétrécissement des hanches, les bras bien musclés et les jambes fusiformes.

Nos informateurs ont malheureusement négligé de nous faire savoir si les mamelles du sujet dont nous leur devons la photographie étaient susceptibles de remplir leur fonction physiologique. C'est une lacune fâcheuse dans la curieuse observation que je vous transmets de leur part.

IMPRIMERIE NATIONALE. — Juin 1901.

Extrait du *Bulletin du Muséum d'histoire naturelle*. — 1901. n° 6, p. 345.

# LES YAMBOS, ESQUISSE ANTHROPOLOGIQUE.
## PAR M. E.-T. HAMY.

L'expédition de M. de Bonchamps a signalé, pour la première fois, dans la profonde vallée du Baro, affluent de droite du Sobat, l'existence d'un petit peuple désigné sous le nom de Yambo et qui marquerait l'extrême limite orientale de l'habitat des tribus nilotiques.

Nos explorateurs venaient de quitter le plateau abrupt de Bouré, *le bout de l'Abyssinie*, suivant l'expression d'un indigène [1], et au pied même de cette falaise à pic ils rencontraient les premiers échantillons de la race soudanienne. La limite des deux races se confondait ainsi très exactement avec celle de deux régions géographiques profondément tranchées.

Les Yambos, qui diffèrent complètement des Éthiopiens, sont en effet fort semblables par leurs caractères extérieurs aux Nègres vrais qui occupent plus à l'Ouest les rives du Nil Blanc, et les photographies de M. Michel, les dessins de M. Potter nous les montrent noirs et presque nus, grands et minces, avec des physionomies plutôt douces et des formes générales relativement agréables, enfin une voûte et une face qui rappellent les Chellouks, avec lesquels M. Ch. Michel semble d'ailleurs tout prêt à les confondre [2].

Un crâne que ce voyageur vient d'offrir à nos galeries pourra suppléer, dans une certaine mesure, à l'insuffisance de ses descriptions et semble bien confirmer d'ailleurs le rapprochement qu'il propose. A tous égards, en effet, cette tête osseuse est aussi voisine que possible de celles des Nilotiques que nous connaissons : Chellouks, Dinkas, etc.

Le sujet, auquel ce crâne a appartenu, avait dépassé l'âge adulte: la sagittale, relativement simple, est complètement effacée entre les trous pariétaux, et l'oblitération se poursuit jusqu'à la jonction du tiers moyen de la suture avec le tiers antérieur. Les dents commencent à s'user, toutes saines encore et blanches, et de force moyenne.

L'ossature est solide, quoique relativement fine; les empreintes musculaires s'accusent vigoureusement à la base.

[1] Ch. Michel, *Mission de Bonchamps. Vers Fachoda à la rencontre de la mission Marchand à travers l'Éthiopie*. Paris. Plon. in-8°, 1900, p. 184.

[2] Id., *ibid.*, p. 309.

La boîte crânienne est à la fois un peu plus longue, un peu plus large, un peu plus haute que celle des autres Soudaniens qui me servent de termes de comparaison, et les trois diamètres atteignent 0$^m$188, 0$^m$132 et 0$^m$140 [1]. Mais les proportions demeurent très sensiblement les mêmes chez notre Yambo que chez les autres Nilotiques et Soudaniens, dans le tableau des indices crâniens :

| | | YAMBO. | NILOTIQUES. | SOUDANIENS OR. |
|---|---|---|---|---|
| | | 1 ♂ | 4 ♂ | 11 ♂ |
| Diamètres. | antéro-postérieur... | 188$^{mm}$ | 180$^{mm}$ | 180$^{mm}$ |
| | transverse.......... | 132 | 128 | 129 |
| | basilo-bregmatique.. | 140 | 134 | 134 |
| Indices... | Largeur-longueur... | 70.2 | 71.1 | 71.6 |
| | Hauteur-longueur... | 74.4 | 74.4 | 74.4 |
| | Hauteur-largeur.... | 106.1 | 104.6 | 103.8 |

Les circonférences horizontale (0$^m$512) et antéro-postérieure (0$^m$515) sont plus avantageuses chez le Yambo, mais la circonférence transversale (0$^m$417) le place au-dessous des Soudaniens orientaux (0$^m$422), tout en le maintenant au-dessus des Nilotiques (0$^m$413).

Les mensurations de la face signalent quelques particularités individuelles ; l'écartement des arcades zygomatiques, par exemple, est un peu plus considérable (0$^m$133) et l'indice facial (66,4) devient plus faible que chez les Nilotiques (68,2).

L'indice nasal est un peu plus bas (Yambo 58,0, Nilotiques 59,5) ; l'indice orbitaire, par contre, remonte de 5 centièmes (Yambo 89,7 ; Nilotiques, 84,2).

Le prognathisme n'offre rien de bien particulier ; les arcades suivent une courbe fort régulière et la mandibule se fait surtout remarquer par la vigueur exceptionnelle de ses insertions musculaires.

Mais les incisives, les canines, les premières prémolaires ont disparu, remplacées par un bord tranchant. C'est une avulsion, systématiquement pratiquée de bonne heure, qui produit chez les Yambos cette étrange modification du bord alvéolaire dont un crâne de Chir nous avait déjà fourni un spécimen presque identique...

Il n'est pas inutile d'ajouter que presque tout ce que nous dit M. Ch. Michel de l'ethnographie des Yambos confirme les rapprochements sug-

[1] Deux Noirs du Darfour seulement sur les onze qu'a recueillis Fuzier ont autant de longueur que notre Yambo. Deux fois seulement j'ai trouvé dans cette même série de plus larges diamètres transverses (0$^m$136, 0$^m$138) ; enfin un seul de ces Noirs de Fuzier atteignait 0$^m$139 de diamètre basilo-bregmatique.

gérés par la crâniologie. Je ne peux que renvoyer le lecteur aux descriptions
que ce voyageur nous a faites des habitations, des costumes, des armes, etc.,
de ces Nègres jusqu'alors ignorés. Et je termine cette courte communication
en vous présentant, en même temps que le crâne de Yambo dont il vient
d'être question, une curieuse lance en bois dur, de 2 m. 06, terminée par
un tibia de girafe soigneusement poli, arme favorite des Yambos, que
M. Michel veut bien offrir au Musée du Trocadéro.

---

## Note sur un cas de bec-de-lièvre compliqué,
### avec disparition d'une des pièces incisives internes,
### observé chez un Chinois,

### par M. E.-T. Hamy.

J'ai observé sur un Chinois atteint d'un bec-de-lièvre, d'apparence relativement simple, un ensemble de déformations faciales assez curieuses
pour mériter une description spéciale. Le sujet, un pirate décapité à Haï-
Phong et dont le D<sup>r</sup> Harmand avait envoyé la tête au Muséum, dépasse
l'âge adulte : la sagittale commence à se synostoser dans ses deux tiers
postérieurs ; toutes les grosses molaires supérieures des deux côtés ont
depuis longtemps disparu et leurs alvéoles sont complètement résorbés.
Les prémolaires inférieures gauches sont aussi tombées, et ce qu'il reste en
place de la dentition correspondante à la mâchoire supérieure s'est considérablement déchaussé.

La face demeure à peu près normale à droite ; on peut seulement constater qu'elle est un peu tordue en dehors vers le haut, puis en dedans
vers le bas, et que le prognathisme dentaire exagéré porte tout à la fois
en avant et en dedans les incisives très obliques.

Du côté gauche, les pièces osseuses de la mâchoire supérieure offrent
des lésions disproportionnées avec celles de la muqueuse et de la peau,
qui seules en décelaient l'existence avant l'autopsie. La cloison du nez se
dévie en bas et à droite, et l'épine sous-nasale acuminée se replie fortement
dans le même sens, jusqu'au niveau du trou nasal antérieur que l'on voit
largement ouvert à sa base. Le plancher gauche est descendu d'un centimètre au moins, en même temps que la fosse correspondante s'est élargie
de 6 millimètres en reportant son maximum de dilatation tout à fait vers
le bas.

Ce plancher lui-même est entamé en forme de V ouvert en avant ; la
branche interne du V formée par une étroite rigole osseuse qui appartient
au sous-vomérien : la branche externe correspondant à l'alvéole presque
atrophié de l'incisive externe et à quelques millimètres carrés de surface
osseuse du plancher nasal qui s'y rattachent.

La perte de substance correspond donc exactement à la *pièce incisive interne* qui a complètement disparu avec son alvéole.

Les défectuosités de ce genre sont extrêmement rares, et depuis que j'en ai fait connaître en 1868 un exemple bien caractéristique [1], je n'en ai pas rencontré d'autre. Je n'en trouve d'ailleurs aucune trace dans les nombreux écrits consacrés depuis lors par Albrecht et quelques autres aux monstruosités faciales.

[1] E.-T. HAMY, *L'os intermaxillaire de l'homme à l'état normal et pathologique*, Th. doct. 1868, p. 670.

IMPRIMERIE NATIONALE. — Août 1901.

SUR UNE SÉPULTURE NÉOLITHIQUE DÉCOUVERTE PAR M. H. COROT
SOUS UN TUMULUS À MINOT (CÔTE-D'OR),

PAR M. E.-T. HAMY.

Extrait du *Bulletin du Muséum d'histoire naturelle*. — 1901, n° 7, p. 309

M. Henry Corot, archéologue, à Savoisy (Côte-d'Or), en poursuivant ses recherches dans les tumulus du Châtillonnais, a récemment découvert à Bauges, commune de Minot, une sépulture néolithique, qui me paraît surtout intéressante par le type céphalique qui s'y manifeste [1]. En effet, un sujet dont M. Corot a pu nous procurer la voûte crânienne, assez complète pour permettre d'en déterminer les formes, loin de rentrer, comme celui qu'avait trouvé jadis M. Bruzard, dans des conditions analogues, à Genay, non loin de Semur, dans un type que j'ai dégagé alors sous le nom de *Dolichocéphale néolithique* [2], présente, au contraire, cette brachycéphalie exagérée dont je signalais ici même l'intérêt dans une communication toute récente [3].

La tombe, qui contenait ce sujet et quelques débris de trois autres, dont deux adultes et un enfant, était une sorte de coffre en pierres brutes provenant du voisinage, et mesurait assez exactement 1 mètre carré. Les parois, hautes de 70 centimètres, épaisses de 20 à 25 centimètres, étaient renforcées à l'extérieur par un cailloutis plaqué avec de la terre glaise, en manière de talus. Il n'existait aucune trace de couverture en grosses pierres et les corps reposaient dans une terre argileuse fortement tassée, mêlée de cendres et de charbons.

Le squelette le plus apparent gisait dans l'attitude repliée et apparaissait sous la forme de la lettre Z, suivant l'expression de M. Corot [4]. Les charbons étaient plus abondants au voisinage de la tête et sur la poitrine

[1] Cette tombe occupe la base du tumulus n° IV des fouilles de M. Corot, et elle est figurée sous la lettre A dans le plan qu'il doit prochainement publier.

[2] Cf. *Rapport sur le tumulus de Genay, près Semur (Côte-d'Or)*, par M. A. BRUZARD, *suivis d'une note sur les ossements humains trouvés dans ce tumulus*, par M. HAMY. Semur 1869, br. in-8°, pl. chromolith., p. 16.

[3] Cf. *Bull. du Mus.*, 1901, p. 8-11. — On sait d'ailleurs, depuis les fouilles déjà anciennes de l'allée couverte de Meudon, que ces deux types ethniques coexistent dans nos monuments mégalithiques.

[4] On observera que M. Bruzard emploie la même expression dans sa brochure de 1869 (p. 9).

reposait un couteau en silex taillé, de 65 millimètres de longueur, qui paraissait avoir subi l'action du feu.

Le crâne de Bauges a appartenu à un sujet du sexe féminin, mais dans toute la force de l'âge et où, par conséquent, la synostose crânienne est encore à ses débuts. La voûte est d'épaisseur moyenne et de structure assez dense, mais altérée en quelques points par un certain état pathologique assez mal défini; les pariétaux et l'écaille supérieure de l'occipital sont quelque peu boursouflés au voisinage du lambda et les sutures sagittale et lambdoïde dessinent en creux leurs méandres.

C'est presque l'état *natiforme*, dont parlait jadis Parrot. Je n'oserais point toutefois chercher dans ces traces d'une inflammation locale, qui se caractérise en outre par l'aspect *chagriné* de la table externe des os, une manifestation de quelque affection *spécifique*, si curieux qu'il puisse être de faire ainsi remonter à la pierre polie les origines d'un mal dont on voulait, naguère encore, trouver la source unique et relativement récente dans les Indes occidentales.

Quoi qu'il en soit, le crâne ainsi modifié est de forme à peu près cuboïde; raccourci, élargi, quelque peu surélevé tout ensemble à la façon de ceux que Robert, Plessier et quelques autres ont trouvés, soit sous l'allée couverte de Marly-le-Roi, soit au pied du menhir de la Pierre-qui-Tourne, etc.

Le mauvais état des os interdit malheureusement de donner des chiffres positifs. On peut toutefois estimer, sans trop de chances d'erreur, l'indice céphalique à 86 environ.

La face correspondante devait être courte et large, à en juger par ce qui reste de l'un des zygomas et des deux arcades dentaires. D'une part, en effet, l'arc zygomatique se trouve fortement déjeté en dehors en même temps que les angles mandibulaires s'écartent de plus de 120 millimètres. D'autre part, les symphyses sont respectivement réduites, la supérieure à 12, l'inférieure à 32 millimètres, et la distance entre le plancher des fosses nasales et le sommet du triangle mentonnier ne dépasse pas 57 millimètres.

J'ai dit qu'avec ce crâne se trouvaient diverses parties de têtes et de squelettes, ayant appartenu à quatre sujets en tout.

J'ai examiné spécialement un fragment de mâchoire inférieure masculine, remarquable par ses dimensions en hauteur et l'épaisseur de ses branches horizontales; une canine supérieure, longue de plus de 3 centimètres et coupée à 5 millimètres de la pointe par un de ces sillons transversaux, où Magitot croyait reconnaître l'action d'un trouble de nutrition causé par une *convulsion*; une paire de fémurs, robustes, mais courts, 44 centimètres et demi[1], portant une ligne âpre, de saillie médiocre[2], mais large

---

[1] La taille correspondante équivaudrait à 1 m. 65.

[2] Largeur de l'os, 29 millimètres; épaisseur, 28 millimètres; rapport 103.5. Le rapport moyen, suivant Broca, est de 104.8.

de près de 8 millimètres; une diaphyse de tibia extrêmement aplatie (ind. platycn. 64.7); enfin, des portions de péronés, remarquables par leur forme quadrilatère.

Les autres os que j'ai vus étaient trop mutilés pour pouvoir donner lieu à des observations utiles; je n'y ai d'ailleurs rien noté d'exceptionnel.

Tous ces ossements étaient compris dans la tombe quadrilatère dont j'ai donné plus haut la description; quelques débris d'une poterie fort grossière s'y sont également rencontrés.

A un niveau quelque peu supérieur, dans la direction du midi, se trouvait une autre sépulture antique, qui contenait des objets en métal. Cette seconde tombe appartenait à l'horizon des sépultures du premier âge du fer, si largement développé dans le Châtillonnais, et dont l'archéologie seule est à peu près bien faite aujourd'hui. En effet, les ossements humains sont trop rarement en assez bon état sous ces tumulus pour pouvoir être présentés au compas des anthropologistes. Une seule fois, à Minot, M. Corot a découvert un squelette assez bien conservé, qu'il a envoyé à mon laboratoire en même temps que ceux dont il vient d'être question.

J'étudierai ce sujet, avec tout le soin qu'il mérite, dans une monographie que je prépare sur les *Premiers Gaulois*. Je me borne à dire aujourd'hui que ce personnage est d'une dolichocéphalie exagérée (indice céphalique, 73.1) et qu'il appartient au type des Chaumes d'Auvenay, dont j'ai donné de minutieuses descriptions à la suite d'une note archéologique de Saulcy [1], publiée dans le Bulletin de Semur de janvier 1876.

[1] Cf. DE SAULCY. *Notes sur les fouilles des tumulus du bois de la Perrouse à Auvenay (Côte-d'Or).* — HAMY. *Note sur les ossements humains des tumulus du bois de la Perrouse, à Auvenay (Côte-d'Or).* [*Bull. Soc. Sc. Hist. et Nat. de Semur,* 13° année, 1876, p. 57-71; pl. Semur, 1877, in-8°.]

IMPRIMERIE NATIONALE. — Janvier 1902.

_L'âge de pierre de la Falémé,_
### par M. T.-E. Hamy.

Extrait du _Bulletin du Muséum d'histoire naturelle._ — 1901, n° 7, p. 311.

L'étude des antiquités de l'Afrique occidentale a fait dans ces derniers temps de sérieux progrès et l'on commence à pouvoir saisir des traits essentiels caractérisant divers groupes, qui se distinguent de mieux en mieux, tout en se rattachant les uns et les autres à une période archaïque qu'on qualifierait chez nous de _néolithique._

Ces groupes se différencient notamment, en Afrique comme en Europe, par l'usage de certaines matières, le choix de certaines formes, etc.

On sait en particulier, grâce aux travaux récents de MM. Stainier [1] et Taramelli [2], que les anciens indigènes qui vivaient entre Stanley-Pool et la mer taillaient exclusivement le silex, le quartz et plusieurs sortes de grès, et que les minerais de fer employés si communément par les habitants primitifs du bassin du Sénégal ou des rivières du Sud, n'ont jamais été «mis en œuvre pour la fabrication des armes en pierre du Bas-Congo».

La limonite taillée qui domine, dans la proportion de 5/7, dans la grotte de Kakimbon, près de Konakry (Guinée française), ne se rencontre pas plus au Sud, et les haches polies en cette même matière qu'on a exhumées, en fort petit nombre, de ce même gisement, ne trouvent leurs homologues que dans la direction du nord-est, vers la Falémé et le Haut-Sénégal.

M. le capitaine J.-L.-M. Moreau, qui commandait à Saladougou, a rapporté et offert au Muséum de Paris une petite collection de pierres polies, recueillies aux environs de ce poste, sur les deux rives du fleuve [3]. Des vingt et une pièces rassemblées ainsi par cet officier, _onze_ sont tirées d'une hématite d'un brun chocolat à reflets métalliques, taché parfois de rouge plus ou moins vif ou de jaune rougeâtre.

La structure est irrégulièrement fibreuse et le poli, parfait vers le bord

[1] X. Stainier. _L'âge de la pierre au Congo._ (_Annales du Musée du Congo._ Sér. III. _Ethnographie et Anthropologie_, t. I, fasc. I. Bruxelles, 1899, in-4°, 23 p., 5 pl.)

[2] A. Taramelli. _Quelques stations de l'âge de la pierre découvertes par l'ingénieur Pietro Gariazzo dans l'État indépendant du Congo._ (_L'Anthropologie_, t. XII, p. 396-412, pl. V et VI, 1901.)

[3] Cf. J.-L.-M. Moreau. _Notes sur les haches polies provenant de la vallée de la Haute-Falémé_ [Sénégal]. (_Bulletin du Muséum_, 1900, n° 3, p. 94-95.)

tranchant, est partout ailleurs assez vague. Les dimensions sont exiguës : elles ne dépassent guère 5 centimètres en longueur; la largeur maxima n'en atteint pas 4, enfin l'épaisseur n'excède pas 11 millimètres.

Elles offrent presque toutes un tranchant très net, à double biseau, également incliné sur les deux faces, tantôt à peu près rectiligne, tantôt se courbant jusqu'à décrire un demi cercle. Les bords latéraux, parfois adoucis par un polissage secondaire, sont presque toujours droits ou à peu près droits. Les faces, irrégulièrement planes, peuvent être plus ou moins convexes : l'une de ces haches prend ainsi un aspect presque lenticulaire et ressemble assez exactement à une pièce, déjà connue, rapportée du Bambouk au musée du Trocadéro. Il en est de quadrilatères, avec les côtés parallèles ou convergeant plus ou moins en arrière; il en est enfin de triangulaires, se terminant par un talon conique et reproduisant, suivant le capitaine J.-L.-M. Moreau, la forme des *petits ciseaux que les nègres portent toujours avec eux et dont ils se servent pour débiter, selon leurs besoins, l'or brut qui est à peu près la seule monnaie du pays*.

On savait déjà, par des témoignages autorisés, que ces pierres polies, nommées par les Noirs *pierres de tonnerre*, sont réputées tomber du ciel avec la foudre. Mais aucun des voyageurs qui ont visité le haut pays sénégalais n'avait, à ma connaissance du moins, signalé l'influence particulière que les indigènes attribuent à ces vieilles pierres *sur la germination*. Ils mettent par exemple, au contact de leurs graines, quelqu'une de ces *pierres de tonnerre*, et c'est en fouillant dans les paniers à semailles que M. Moreau s'est procuré une partie de son intéressante collection.

Les autres pièces, rapportées par ce collaborateur de la Haute-Falémé sont :

1° Des haches ou herminettes en quartzite, au nombre de quatre, à tranchant fort poli, un peu courbé, à pente simple ou double. Le corps de l'outil est trapézoïde, les faces sont à peu près planes, les bords convexes ou droits tendent à converger en arrière, vers une base plus ou moins conique. Les dimensions varient de 68 à 119 millimètres pour la longueur, de 35 à 42 millimètres pour la largeur, de 20 à 32 millimètres pour l'épaisseur;

2° Une petite herminette en quartzite mouchetée, de forme triangulaire à tranchant très oblique, parfaitement polie sur les deux faces et mesurant environ 4 centimètres sur 3;

3° Une herminette en schiste amphibolique gris brunâtre à tranchant courbe; faces symétriquement convexes, bords latéraux à peu près droits; dimensions : longueur, 55 millimètres; largeur, 47 millimètres; épaisseur, 20 millimètres.

4° Une hachette en schiste amphibolique, d'un gris verdâtre, avec des zones de couleur verte et jaune, le tranchant droit, l'une des pentes sensiblement plus oblique que l'autre, une face légèrement convexe et l'autre aplatie, les bords ronds et convergeant sensiblement en arrière; longueur, 82 millimètres; largeur, 38 millimètres; épaisseur, 16 millimètres.

5° Enfin, ainsi que je l'ai dit moi-même[1], trois haches en labradorite, ne différant guère par leur forme des quartzites ci-dessus décrites, et mesurant de 78 à 130 millimètres[2] de longueur sur 36 à 44 millimètres de largeur et 22 à 24 millimètres d'épaisseur.

On remarquera que la plupart des roches, ainsi utilisées par les habitants de la Falémé, limonites, quartzites, labradorites, sont précisément les mêmes qui dominent de beaucoup dans le matériel industriel de la grotte de Kakimbon, que j'ai minutieusement analysé ici même à deux reprises. Seule, la variété verdâtre de schiste amphibolique s'est retrouvée plus au Sud[3].

L'examen de la collection de M. le capitaine Moreau conduit donc à rattacher à une commune origine les peuples primitifs de la Dubréka et de la Falémé.

Cette dernière vallée a toujours été, ainsi que l'observe fort justement M. Moreau, un des grands chemins suivis dans leurs migrations par les anciennes peuplades africaines, et les instruments de pierre, ainsi découverts dans le cercle de Saladougou, sont peut-être les témoins de quelque grand mouvement de peuples, dirigé de la Dubréka vers le Sénégal à une époque bien antérieure à l'arrivée des Sousous et des autres Mandringues.

Cette expansion se continue vers le Bambouk et les régions voisines, où l'on trouve encore de-ci de-là des haches polies en hématite, mais elle ne va pas plus loin du côté du Nord, où les stations de l'âge de pierre du Sahara se montrent sous des aspects tout à fait différents, avec leurs silex et leurs jaspes dont le travail est quelquefois si parfait, leurs poteries poussées dans la vannerie, leurs ornements taillés dans l'écaille des œufs d'autruche, etc., etc. Presque jamais d'ailleurs, on ne trouve de haches polies dans ces derniers gisements, et les très rares spécimens qu'on en possède ont été façonnés à l'aide de roches qui diffèrent de celles de Kakombon ou de Saladougou.

---

[1] Cf. *Bulletin du Muséum*, 1900, n° 7, p. 338. — Toutes ces déterminations minéralogiques ont été faites par mon collègue, M. le professeur Lacroix.

[2] Ce chiffre est un minimum; le tranchant est cassé. Cette pièce et une des deux autres viennent des puits de mines de Dandokho.

[3] Cf. E.-T. Hamy. *L'âge de pierre au Gabon.* (*Bulletin du Muséum*, t. III, p. 155. 1897.)